动手　动脑　玩转科学

小牛顿

Sciences Little Newton Encyclopedia

科学王

牛顿出版股份有限公司◎著

力与地层

四川少年儿童出版社

图书在版编目（CIP）数据

力与地层 / 牛顿出版股份有限公司著. -- 成都：
四川少年儿童出版社，2017.7（2019.6重印）
（小牛顿科学王）
ISBN 978-7-5365-8379-5

Ⅰ. ①力… Ⅱ. ①牛… Ⅲ. ①力学－少儿读物②地层
－少儿读物 Ⅳ. ①03-49②P536-49

中国版本图书馆CIP数据核字(2017)第167935号
四川省版权局著作权合同登记号：图进字21-2017-533

出 版 人：常 青
项目统筹：高海潮
责任编辑：王晗笑　赖昕明
美术编辑：徐小如
责任印制：袁学团

XIAONIUDUN KEXUEWANG · LI YU DICENG

书　　名：小牛顿科学王·力与地层
著　　者：牛顿出版股份有限公司
出　　版：四川少年儿童出版社
地　　址：成都市槐树街2号
网　　址：http://www.sccph.com.cn
网　　店：http://scsnetcbs.tmall.com
经　　销：新华书店
印　　刷：艺堂印刷（天津）有限公司
成品尺寸：275mm×210mm
开　　本：16
印　　张：4.25
字　　数：85千
版　　次：2017年9月第1版
印　　次：2019年6月第2次印刷
书　　号：ISBN 978-7-5365-8379-5
定　　价：19.80元

台湾牛顿出版股份有限公司授权出版

目录

1 风车

转风车

做个风车，试验一下各种转法。风车如果正对着风吹来的方向，就会转得很快。如果把风车朝上，或是顺着风，有时候就不太会转动。

没有风的时候，手拿着风车奔跑，它也会开始转动。在房间里，用电风扇来吹，也能够使风车转动。

❶ 做个风车，让它转动。

❷ 风的强弱和风车转动的情形相关。

❸ 利用风车的作用，可以发动各种东西，或拉长发条。

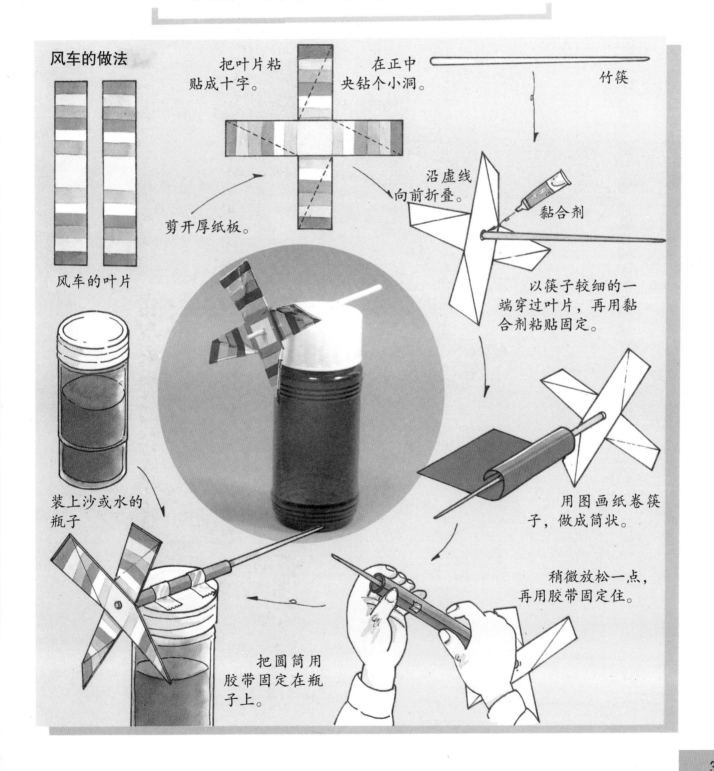

风车的做法

风车的叶片

把叶片粘贴成十字。

在正中央钻个小洞。

竹筷

剪开厚纸板。

沿虚线向前折叠。

黏合剂

以筷子较细的一端穿过叶片，再用黏合剂粘贴固定。

用图画纸卷筷子，做成筒状。

装上沙或水的瓶子

稍微放松一点，再用胶带固定住。

把圆筒用胶带固定在瓶子上。

风的强弱和风车

风很强的时候
旗杆上的国旗被风撑得很挺。

风很弱的时候
国旗下垂。

● 风的强弱和风车

在晴朗的天空下，国旗随风飘扬。

风很强的时候，国旗在空中撑得很挺，风车也会转得很快。

风很弱的时候，国旗下垂，风车也会停止不动。

风的强弱和风车转动的情形有什么关系？查查看。

实 验 改变风的强弱，观察风车转动的情形。

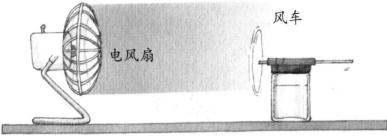

电风扇　风车

利用电风扇来改变风的强弱，观察风车的转动情形。

把风车放在距离电风扇约 1 米的地方，试着改变电风扇的风速。

风弱的时候，风车转得慢。

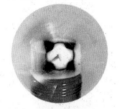

风稍微强一点的时候，风车会转得快一点。

风强的时候，风车转得很快。

◇ 由此可知，电风扇的风越强，风车转得越快。

实 验 改变电风扇和风车的距离，观察风车转动的情形。

电风扇　风车

纸条做的燕尾旗，随风招展飘摇。

风车转得很快。

燕尾旗有点下垂。

风车转得慢一点。

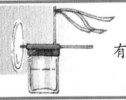

燕尾旗只是稍微飘动。

风车转得很慢。

风车离电风扇越远，就会转得越慢。由前一项的实验也可以知道，风弱的时候，风车也会转得慢。

◇ 由此可以得知，离电风扇远，风会变弱。

风车的功用

和下面照片中的情形一样，转动着的风车，也可以移动东西。

很早的时候，人们就知道利用风车抽水或磨粉。即使到今天，在一些没有供电的地方，风车仍被广泛地使用。

有些国家利用风车把井水抽上来供牛饮用。

荷兰的风车

荷兰风车在世界上十分著名，人们常把荷兰称为"风车之国"。

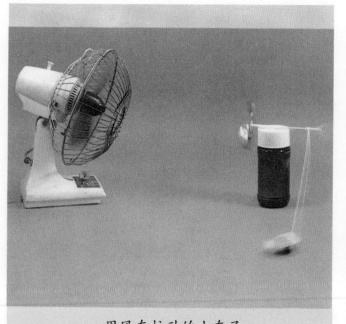

用风车拉动的小车子

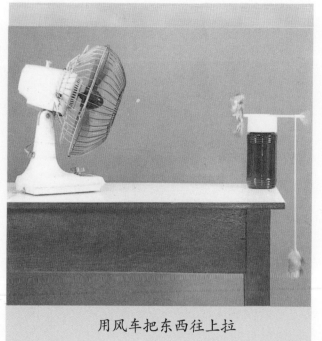

用风车把东西往上拉

◉ 风的强弱和风车的功用

改变风的强弱时，风车的作用会有什么改变呢？

用来拉玩具小卡车，或是把东西往上拉，观察风车的作用。

> **实验** 尝试利用风车的作用移动各种东西。

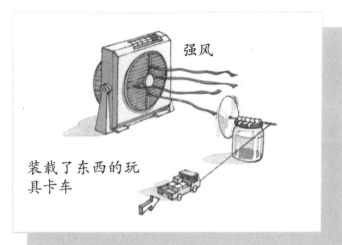

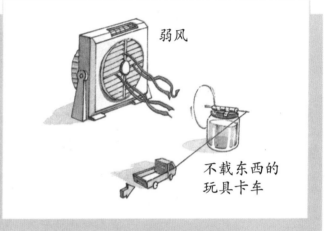

风强的时候，玩具卡车即使载着东西，用风车的力量仍然可以拉动它。

风弱的时候，风车只能拉动不载东西的玩具卡车。

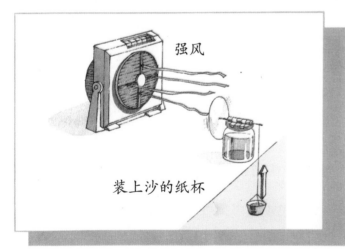

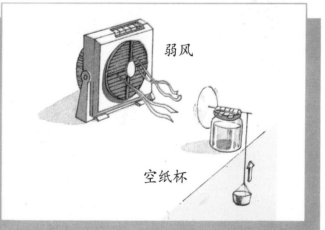

风强的时候，纸杯里即使装了沙，用风车的力量仍然可以把纸杯往上拉。

风弱的时候，风车只能将空纸杯往上拉。

● 风车和弹簧的伸长

把弹簧吊起来，然后用手拉拉看。弹簧的长度拉得越长，手所感觉到的力量就越大。

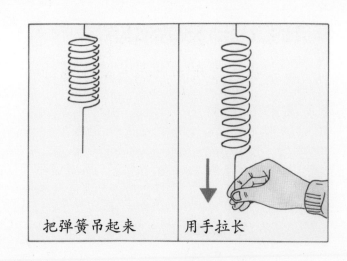

把弹簧吊起来　　用手拉长

实　验 用风车的力量把弹簧拉长。

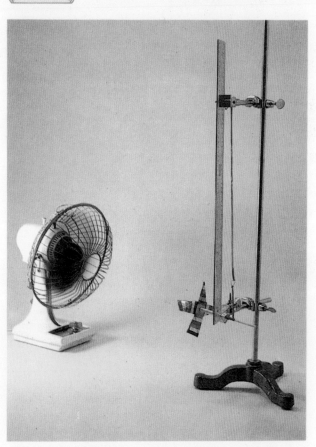

如上图所示，把弹簧装在风车上，然后用电风扇吹吹看。一开始，风车会转，但当弹簧伸展到某一程度时就会停止转动。

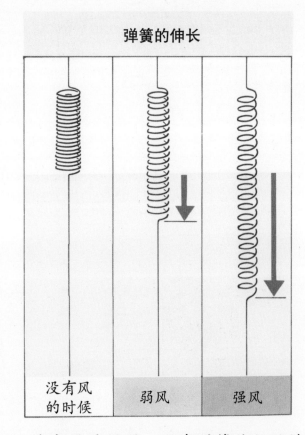

弹簧的伸长

没有风的时候　弱风　强风

◻ 改变风的强弱，观察弹簧伸长的情形。你会发现，风越强，弹簧就会被拉得越长。换句话说，风越强，风车的作用也越大。

◉ 风车叶片的大小和风车的作用

由右图照片中可看到荷兰的风车有很大的叶片，叶片越大，作用也越大。

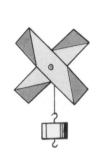

叶片如果很小，只能拉起比较轻的东西。

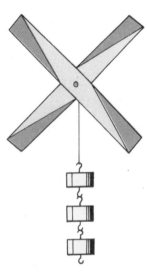

叶片如果很大，就可以拉起比较重的东西。

荷兰的风车

荷兰人经常使用风车抽水或磨粉。在同样的强风下，叶片较大的风车会有更大的作用。

整理——风车

■ **风车的转法**

如果把风车朝着风吹来的方向，或是手拿着奔跑，风车就会转。

■ **风的强弱和风车**

电风扇的风越强，风车转得越快。另外，从风车转动的情形可知，越靠近电风扇，风也越强。

■ **风车的作用**

利用风车，可以拉动重物，或是使弹簧伸展。风如果越强，这种作用也越大。

2 杠杆平衡器

杠杆平衡器和平衡

◉ 杆子的平衡

马戏团表演走钢丝的时候，都是双手拿着长杆子在钢丝上走。每当人走的时候，即使会有一点左右摇晃，但只要用双手握住杆子正中央附近的地方，便能够保持水平，不至于倾倒。

经由下图的实验，我们发现，能使一根粗细均匀的杆子保持水平的支撑点，位于杆子的正中央。

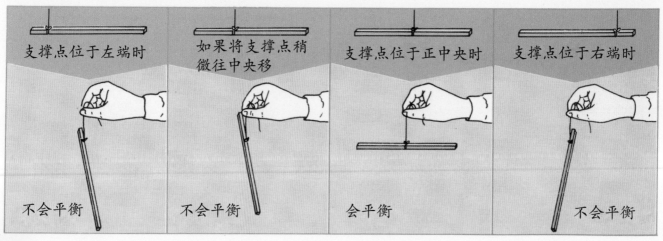

支撑点位于左端时	如果将支撑点稍微往中央移	支撑点位于正中央时	支撑点位于右端时
不会平衡	不会平衡	会平衡	不会平衡

❶粗细一样的杆子的平衡。

❷长度相同、粗细一样的杆子两端，吊挂相同重量的砝码时的平衡。

❸改变吊砝码的线的长度，或者是改变放砝码的位置时的平衡。

❹天平的结构和平衡。

❺天平的使用方法。

❻利用弹簧来称重量的工具，称为弹簧秤。

◉ 吊挂有砝码的杆子的平衡

支撑杆子的点称为支点。粗细一样的杆子，如果支点在正中央，那么刚好会平衡。如果在杆子两端吊砝码的话，情形会怎样?

实 验 在水平的杆子上挂砝码，观察它的平衡状态。

❶ 用线系住粗细一样的杆子的正中央，使杆子平衡。

❷ 先决定挂在杆子左侧的砝码的位置，然后再变换挂在右侧、重量相同的砝码的位置。

❸ 当杆子刚好平衡时，测量砝码的位置和支点间的距离。

❹ 改变左侧砝码的位置，做相同的实验看看。

❺ 把砝码的重量增为2倍，再重复前面的实验。

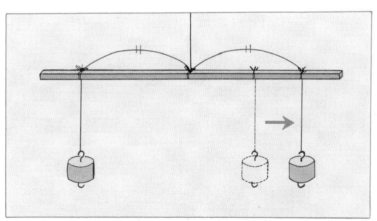

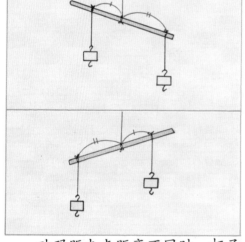

砝码距支点距离不同时，杆子会朝砝码距支点较远的一边倾斜。

◆ 在保持水平的杆子两端挂上相同重量的砝码时，如果挂在距支点相同距离的地方，就能够保持水平。

如果左右距离不同的话，杆子就会向与支点相距较远的一边倾斜。

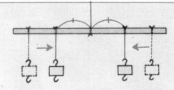

即使移动砝码，只要砝码距支点的距离相同，仍然能够保持水平。

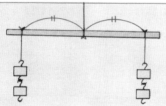

两端挂相等重量的砝码，也能保持水平。

◉ 砝码的位置和杠杆平衡器的平衡

在杆子上挂砝码时，悬挂砝码的点称为施力点，它和支点的距离称为力臂。在左右力臂相同的情况下，利用砝码使杆子保持平衡，可以测量东西的重量，这样的器具，称为天平。观察右图，做一个相似的天平进行实验，你会发现，砝码在托盘中的位置，或是吊托盘的线长，跟平衡没有关系。

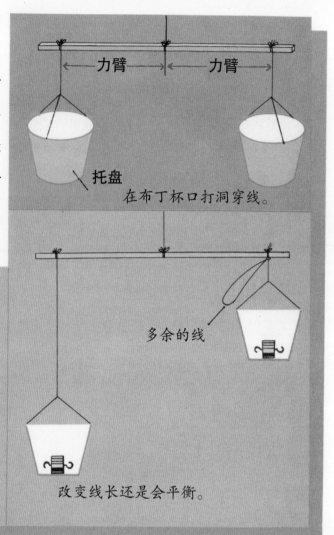

在布丁杯口打洞穿线。

托盘

多余的线

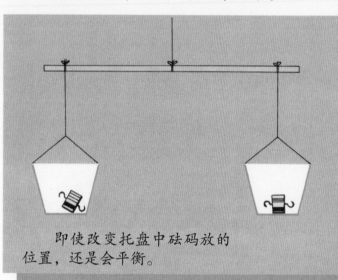

即使改变托盘中砝码放的位置，还是会平衡。

改变线长还是会平衡。

🐦 进阶指南

粗细不一样的杆子的平衡 如果要使粗细不一样的杆子保持水平状态，支撑绳带的位置必须从正中央往稍粗的一边移动才可以。然后，在达到平衡的杆子上挂相同重量的砝码做实验，结果发现，与使用粗细相同的杆子做实验时一样，力臂相等时就会呈现平衡的状态。换句话说，保持水平状态的杆子，即使粗细不一样，仍然可以当作杠杆平衡器来用。

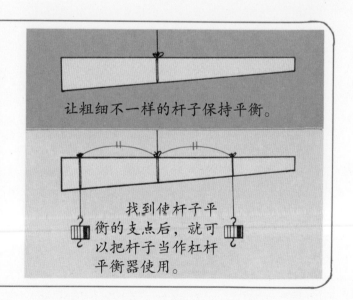

让粗细不一样的杆子保持平衡。

找到使杆子平衡的支点后，就可以把杆子当作杠杆平衡器使用。

● 东西的重量和形状

改变东西的形状，或是把它分成数个，会不会改变它的重量呢？

杠杆平衡器平衡，代表两侧托盘所装的东西重量相等。利用这个原理，试问，如果改变东西的形状，或是把它分成数个，重量会不会改变呢？

> 实 验　改变砝码的形状，或分成数个，观察杠杆平衡器的平衡情形。

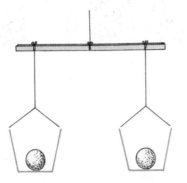

先保持水平状态。
放上重量相同的圆形橡皮泥。

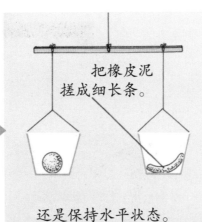

把橡皮泥搓成细长条。

还是保持水平状态。

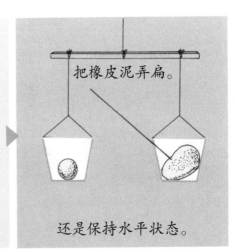

把橡皮泥弄扁。

还是保持水平状态。

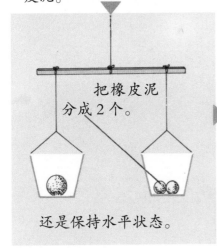

把橡皮泥分成2个。

还是保持水平状态。

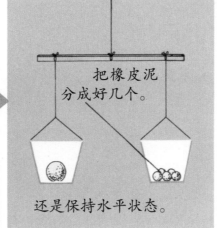

把橡皮泥分成好几个。

还是保持水平状态。

◆把重量相同的橡皮泥弄圆，放入托盘，求证看看是否会平衡。接着，改变一边的橡皮泥形状，或把它分成数个，看看是否会平衡。即使把砝码的形状做各种改变，或把它分成数个，杠杆平衡器还是会平衡。换句话说，即使改变东西的形状或把它分成数个，重量还是不会改变。

> **要点说明**

粗细一样的杆子，只要支撑住正中央，就可以保持水平的状态。

在保持水平的杆子两端挂上重量相同的砝码，如果从左右施力点到支点的距离（力臂）相同的话就会平衡。

利用这个原理，杠杆平衡器可以测量出东西的重量。如果砝码的重量相同，那么，托盘中砝码的位置，或是线的长度，都不会影响平衡。另外，即使把东西分成数个，或是改变它的形状，重量也不会改变。

天平

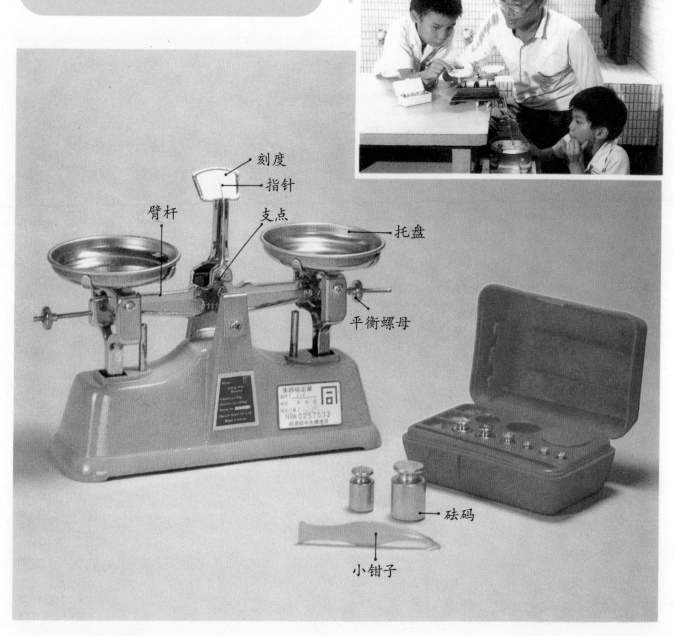

刻度
指针
臂杆
支点
托盘
平衡螺母
砝码
小钳子

● 天平的构造

　　天平可以正确地称出很轻的重量，在实验室或药店，多用来称量药品的重量，或是称量规定重量的药品等。

　　如上图所示，两臂前端放有重量相同的托盘，正中央的支点由尖型齿支撑。

一边的托盘放待称的东西，另一边的托盘则放砝码。天平必须放在水平的台上使用，当砝码的重量和想称的东西重量相同时，臂杆会呈水平的状态，这样就可称出东西的重量。

◉ 天平的砝码

天平能够称的重量范围，依天平种类不同而不同。这个范围称为使用范围，会标示在天平的正面。另外，依据种类，有的天平会把能称量的重量界限用"最大重量"标示出来。

已经知道重量的砝码，形成一组装在盒子里。砝码具有各种重量，把这些砝码做各种不同的组合，就可以称出各种东西的重量。

◉ 使用天平前

使用天平之前，必须先做以下准备工作。

① 确定放置天平的台面是否水平。

② 如果待称物的重量可能超过使用范围，最好先用可以称2千克的自动天平，估计大概的重量，若在使用范围内就可以称。

③ 在不放任何东西时，先用

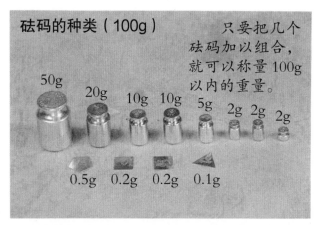

砝码的种类（100g）

只要把几个砝码加以组合，就可以称量100g以内的重量。

50g　20g　10g　10g　5g　2g　2g　2g

0.5g　0.2g　0.2g　0.1g

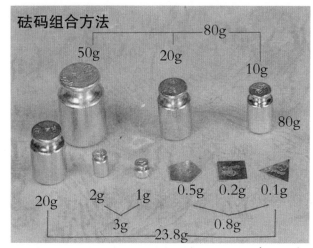

砝码组合方法

80g

50g　20g　10g

80g

20g　2g　1g　0.5g　0.2g　0.1g

3g　0.8g

23.8g

平衡螺母把指针调整到刚好指在刻度正中央的地方。另外，为了避免锈蚀砝码，使用时一定要用小钳子。

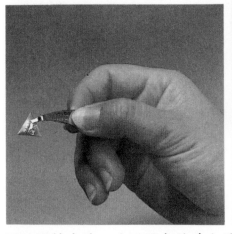

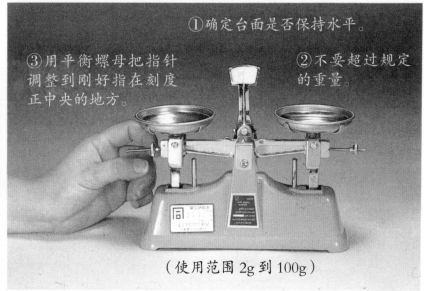

① 确定台面是否保持水平。

③ 用平衡螺母把指针调整到刚好指在刻度正中央的地方。

② 不要超过规定的重量。

（使用范围2g到100g）

用砝码的方法　为了避免被手上的汗水锈蚀，拿取砝码时一定要用小钳子。

◉ 固体或粉末的称法

因为天平是一种精密的仪器，所以，一定要遵守"使用须知"，小心地使用它。称东西的重量和按照规定的重量称量时，天平的使用方法略有不同。关于这两种情形，可以用蛋和粉末充分地练习看看。

实验 使用天平称东西的重量。

❶ 分别放上待称物和砝码。如果砝码过重就换成较轻的。

❷ 一一加放比较轻的砝码。

❸ 指针刚好在刻度的正中央时，再合计砝码的重量。

通常，把想称的东西放在左边的托盘，砝码则放在右边的托盘（左撇子刚好相反，把砝码放在左边的托盘比较方便）。砝码依序从重的开始放，如果过重的话，就换成比较轻的。像这样把砝码一一放上去。当指针刚好在刻度的中央时，就可以合计砝码的重量，算出东西的重量。

实验 用天平称一称规定重量的粉末。

 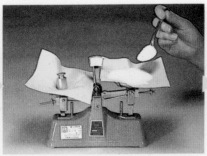 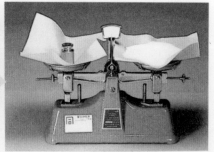

❶ 托盘上先放滤纸，左边托盘放一定重量的砝码。

❷ 用药匙把粉末一点一点地加在右边托盘的纸上。

❸ 臂杆达到水平时，表示粉末的重量和砝码的重量相同。

这样的情形下，左边的托盘要放砝码（左撇子的人则把砝码放在右边的托盘上）。两边的托盘先放上一张纸（滤纸），让天平保持平衡。然后，把想称多少重量的砝码放在左边的托盘上。而后往右边的托盘上一点一点地添加粉末，当臂杆达到水平时，指针刚好指在刻度的中央。

这样，就可以称出规定重量的粉末。

● 液体的称法

如果要称规定重量的液体，就必须以烧杯取代纸放在右边的托盘上，左边的托盘放砝码，并使之平衡。左边的托盘加放砝码到规定的重量，然后把液体慢慢倒进烧杯，使两边的重量接近平衡。这个时候，再沿着玻璃棒慢慢滴入液体。当两边刚好平衡时，就可以称出规定重量的液体。

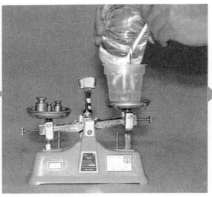

❶ 先放烧杯和砝码使之平衡。　❷ 放好规定重量的砝码，再把液体倒入烧杯。　❸ 当臂杆刚好达到水平时，就可以称出规定重量的液体。

要点说明　天平可以称东西的重量，也可以称出规定重量的粉末或液体。因为使用目的不同，所以使用方法也有一点不同。

🐞 **进阶指南**

各种东西的大概重量

波音喷气式机 300000kg

这本书 2000g（2kg）

人 30kg~60kg

10 元硬币 7.5g

蛋 60g

苹果 300g

大象 4000kg

地球 6000000000000000000000000kg

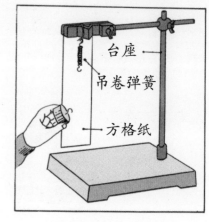

重量和弹簧的伸长

◉ 砝码的重量和弹簧的伸长

在弹簧上挂砝码，弹簧就会伸长。如果把砝码拿掉，弹簧就会恢复原来的长度。若把所挂的砝码重量增为 2 倍、3 倍……弹簧会伸长多少呢？让我们做以下实验。

实　验　比较砝码的重量和弹簧的伸长。

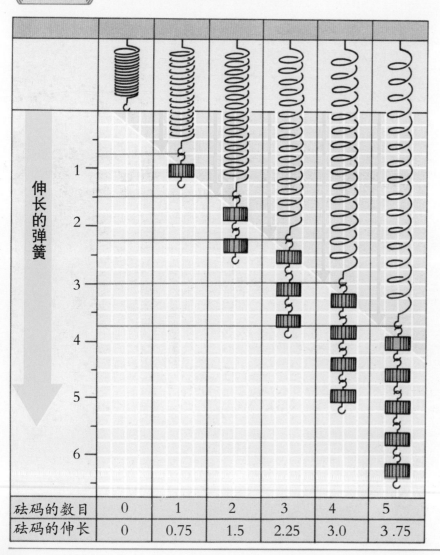

砝码的数目	0	1	2	3	4	5
砝码的伸长	0	0.75	1.5	2.25	3.0	3.75

一挂上砝码，弹簧就会伸长。

拿掉砝码，弹簧又恢复原状。

挂上 2 倍重量的砝码，伸长更多。

台座
吊卷弹簧
方格纸

如图所示，把弹簧往下拉，后面是标有刻度的方格纸，把尚未挂砝码时弹簧前端的位置当作零点。准备 5 个重量相同的砝码，然后把每加 1 个砝码时弹簧所伸长的刻度记录下来。砝码挂到 5 个时，再一个一个拿掉，并且观察弹簧所伸长的刻度是否跟前面测量的一样。

◇ 砝码的重量增为 2 倍、3 倍……时，弹簧也伸长 2 倍、3 倍……

◉ 秤的构造

弹簧下端挂 10 克的砝码时，会伸长 1 厘米；吊 20 克的砝码时，则伸长 2 厘米。这种弹簧如果挂上 15 克的砝码时，应该会伸长到 1.5 厘米。

所吊挂的砝码如果重量不太大时，看弹簧伸长的长度就可以知道砝码的重量。弹簧秤就是利用这种性质来称重量的。

挂钩吊上东西，然后读出附在弹簧上的小指针所指的刻度。

使用弹簧秤之前，必须先转动调整螺丝，使尚未吊挂砝码时的刻度停在 0 克的地方。

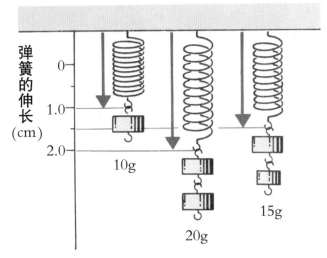

如果在弹簧上加装托盘，则可以放置东西。根据弹簧压缩的情形，就能称出东西的重量。家庭常用的磅秤，就是当弹簧伸长时，指针会转，这时，秤台上东西的重量，就可以从秤面的刻度看出来。

弹簧秤的构造

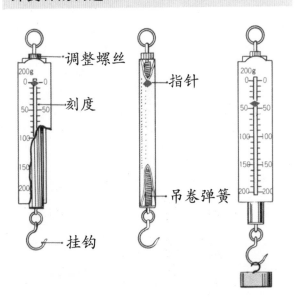

磅秤的构造

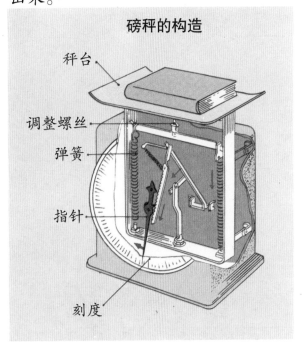

要点说明　弹簧吊挂砝码时，如果砝码的重量增为 2 倍、3 倍，弹簧所伸长的长度也会变为 2 倍、3 倍。利用这种性质的秤称为弹簧秤。

整理——杠杆平衡器

杆子的平衡

粗细一样的杆子，如果以正中央支撑的话，刚好会保持水平。支撑杆子的点称为支点。在保持水平状态且粗细一样的杆子两端，吊挂重量相同的砝码时，如果从支点到吊挂位置的距离相等的话，便会平衡，这个距离称为力臂。

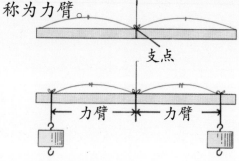

杠杆平衡器

杠杆平衡器是使力臂相等、杆子平衡，然后用来称东西的重量，或是称出一定重量的东西的秤。杠杆平衡器的平衡，跟托盘中砝码所放的位置，或是线的长度都没有关系。

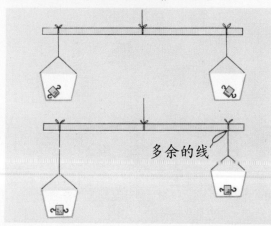

东西的重量

使用天平称重量时可以发现，即使改变东西的形状，或将它分成几部分，重量还是不变。

天平

天平能够依据托盘上所放的砝码算出东西的重量，或是先决定砝码的重量，再用来称出跟它相等重量的东西。

弹簧秤

弹簧上所吊挂的砝码重量如果增为2倍、3倍，弹簧伸长的长度则也变为2倍、3倍。弹簧秤就是利用这种性质进行称重的。

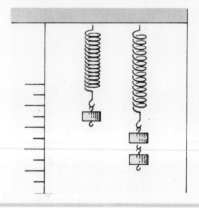
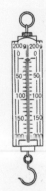

（1）桥梁悬臂式施工法

◉ 桥梁悬臂式施工法

这是一种新式的水泥桥施工法，可借助向两旁延伸的平均的桥臂力量，使桥臂逐渐伸展出去。北京朝阳区三环路段的三元桥，就是采用这种方法建造的。

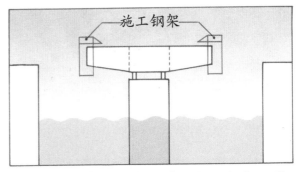

❷ 接着，在柱头部分装设施工钢架，将桥臂往两旁伸出

造桥的过程

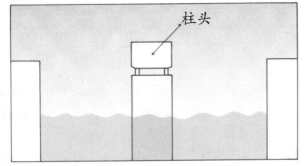

❶ 首先在桥墩的上方建好柱头。

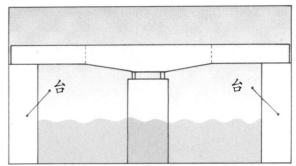

❸ 桥臂建好之后，就挂在两旁的桥墩上。

（2）杠杆作用

杠杆的结构

自古以来，人们想出了各种办法移动重物。利用这些办法，在建设统治者的坟墓或祭祀的场所时，可以搬运或举起大石头。

杠杆，是移动重物最简单的方法，只要有一根结实的长棒子就可以，特别在把横放的大石头竖立起来时，尤其能够发挥它的功效。杠杆的使用分成放或不放枕木两种情形。所谓枕木，是指插入重物下的棒子和地面间紧贴住的小木头（或石头）。如果用枕木，可以利用体重把长棒子往下压，比较容易用力。如果用不放枕木的杠杆，就得将长棒子往上提举。

▲ 埃及的金字塔

▼ 法国的柱状石阵

很早以前，人们就使用杠杆移动重物

▲ 复活节岛的巨石像

▼ 巨石阵

◉ 杠杆的 3 个点

使用枕木的杠杆，当棒子的一端往下压时，在重物下的另一端便往上提，把东西顶起来。枕木所支撑的地方，一点都不动，这个点称为支点。人施力的点称为施力点，碰触东西的点则称为抗力点。若是不用枕木的杠杆，则以棒子的前端触及地面，这里就成为支点。

依其使用方法，杠杆的 3 个点的排列也有所不同。利用杠杆移动东西时，施力点的移动很大，抗力点却只动了一点点。但是，在施力点所施的小小力量，却成为抗力点的一股大力量。所以，使用杠杆得当，很小的力量也可以移动很重的东西。

杠杆的结构

使用枕木的杠杆

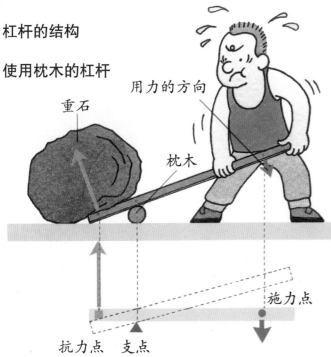

重石　用力的方向　枕木

抗力点　支点　施力点

不使用枕木的杠杆

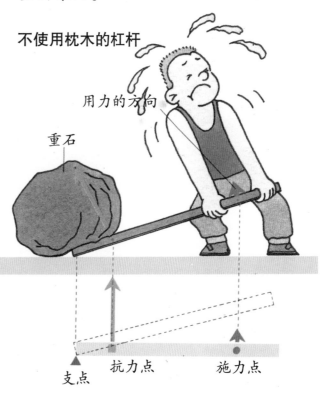

重石　用力的方向

支点　抗力点　施力点

使用枕木的杠杆，石头移动的方向和用力的方向相反。

未使用枕木的杠杆，石头移动的方向和用力的方向相同。

高明的杠杆使用法

用杠杆举起重物时，支点应该选在什么地方呢？施力点和抗力点最好在棒子的什么地方？用大约1米长的棒子当作杠杆，以校园里比较低的单杠或木台做支点，然后尝试把一个重约10千克的沙袋举起。

实验 试用单杠举起沙袋。

用低单杠做杠杆实验

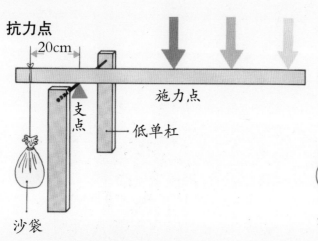

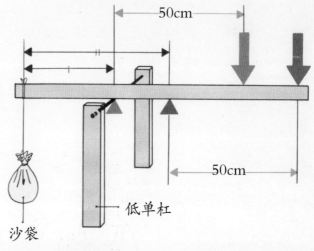

①在支点和抗力点的距离保持一定（如20厘米）的情况下，把施力点的位置做各种改变，看看哪个位置最容易把沙袋举起来？

②先将支点和施力点的距离固定（如50厘米），再把支点和抗力点间的距离做各种改变，再举起沙袋试试看。

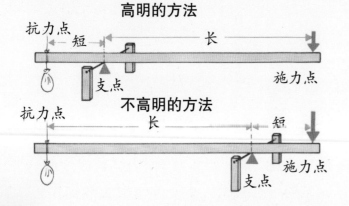

支点到施力点的距离越长，或是支点到抗力点的距离越短，越能够很轻松地举起重物。这点不论用不用枕木都是一样的。

◉ 力与重量

提或举重物时，由于重物的重量不同，所以我们可发觉，手上的感觉或累的情形会有不同。因为越重的东西，需要越大的力量去支撑。

健身弹簧是一种可以增强手臂力量的健身器材。弹簧的伸长和吊挂的重量有一定的关系，如果吊挂的重量增为 2 倍、3 倍，弹簧的伸长也会变为 2 倍、3 倍。换句话说，弹簧吊挂的重量和弹簧的伸长成正比例的关系。所以，只要施力，弹簧就会伸长。现在，试试看用重量来表示力的大小。

增强手臂肌肉的器材：左边是铁制哑铃，右边是健身弹簧。

◉ 表示力的方法

比方说，吊卷弹簧挂上 1 千克重的砝码时，弹簧刚好伸长 10 厘米，现在，在弹簧上施力，把它往下拉 10 厘米，因为砝码或（施）力对弹簧有相同的作用，所以，这个施力的大小就可以说是 1 千克。

像这样，力的大小便能够以弹簧的伸长量计算出来。或者是在杠杆平衡器的另一端吊砝码，另一端用手压或拉，使之维持平衡，那么力的大小也可以用砝码的重量来表示。

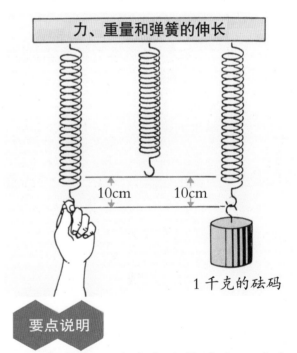

力、重量和弹簧的伸长

10cm　10cm

1 千克的砝码

要点说明

有支点、施力点和抗力点，其中支点和施力点的距离越长，或支点和抗力点的距离越短，杠杆举物的功效就越大。力的大小可以用重量来表示。

杠杆的功能

◉ 杆秤

杠杆不仅能够移动重物，还能用来称东西。譬如杆秤，就可用来称量重量。杆秤和杠杆平衡器不同。杆秤平衡时，两端的砝码重量并不相同，而且，力臂长也不相等。通常只用一个砝码，借着移动砝码的位置，以和被秤物品的重量取得平衡。

杆秤的用法

实 验 做一杆杆秤。

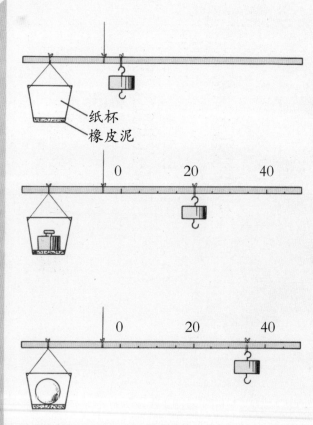

纸杯
橡皮泥

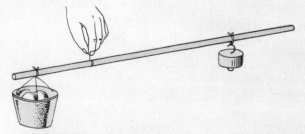

❶ 准备一根约40厘米长的木棍，以距前端8厘米处为支点，用结实的绳子悬吊。接近支点的一端用绳子吊着一个纸杯，当作托盘。托盘上用橡皮泥铺底，然后在靠近支点的另一端挂砝码，把杆子刚好维持水平时的砝码位置当作0，并划上刻度。

❷ 在纸杯做的托盘上分别放20克、40克、60克的砝码，然后在支点的另一侧挂秤砣。在秤砣和砝码重量取得平衡的位置做上记号，记号与记号间划成4等分，每格刚好是5克。

❸ 把待秤的物品放进托盘，移动秤砣，再读出平衡位置的刻度，就可以知道待称物品的重量了。

杆的长与重

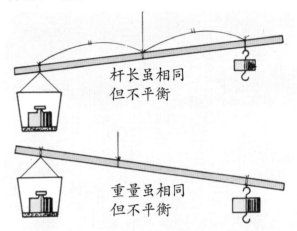

杆长虽相同
但不平衡

重量虽相同
但不平衡

● 控制杠杆的作用

由于天平的力臂长相等，因此，两侧放不同重量的东西时，会倾向较重的一边。

至于杆秤，则不一定都是倾向较重的一边。因为支点两边的力臂长可以不一样。观察砝码控制杠杆的作用，及其与力臂长的关系。

> **实 验** 观察砝码控制杠杆的作用。

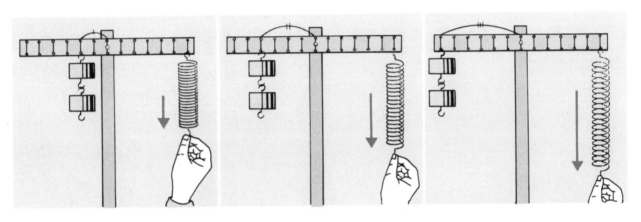

如上图，使挂砝码的位置逐渐远离支点，再观察另一边弹簧的伸长情形。

比较弹簧的长度可以知道，力臂长越长，所需的力越大。

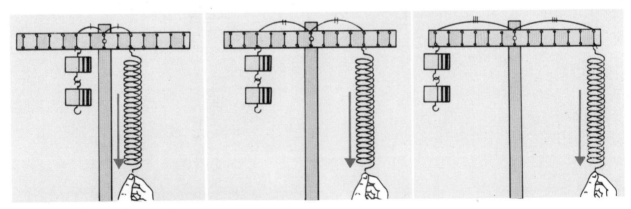

在支点两侧相同的距离处分别吊挂弹簧和砝码，施力于弹簧使其伸长，直至杠杆处于水平位置。由于离支点的距离相同，即使改变吊挂位置，弹簧的伸长情形亦不变。

◀ 由此得知，力臂长度的变化，会影响砝码对杠杆的控制。

杠杆的平衡

如右图，在杠杆平衡器的一边挂上砝码，用手指压另一边，这时，手指和砝码便会从相反的方向控制杠杆。

当杠杆平衡时，手指给施力点的力量，可以以砝码的重量来体现。也可以在杠杆的两端挂砝码，然后改变它的位置和个数，使之平衡。

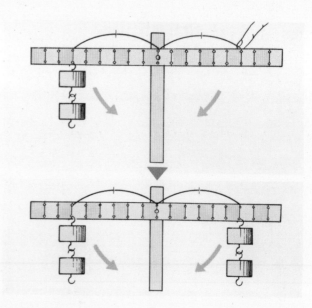

实 验 在杠杆平衡器的支点两端挂砝码，观察杠杆的平衡状况。

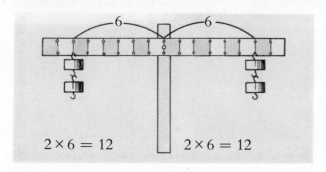

$2 \times 6 = 12$ 　　 $2 \times 6 = 12$

❶ 在距支点左右相同距离的左右两端，挂上一样个数的砝码，使杠杆平衡。

❷ 右侧不动，将左侧挂砝码的位置和个数做各种改变，记录平衡时的位置和个数。

❸ 左侧不动，将右侧进行改变，再进行记录。

◆ 因此，如果"砝码的个数 × 到支点的距离"的值左右相等时，杠杆就会平衡。

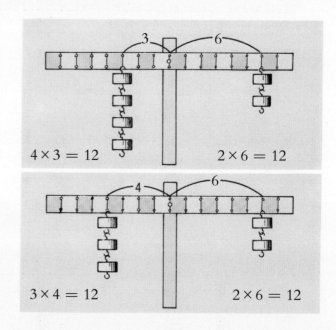

$4 \times 3 = 12$ 　　 $2 \times 6 = 12$

$3 \times 4 = 12$ 　　 $2 \times 6 = 12$

如果以 g 表示吊挂的重量，cm 表示到支点的距离（力臂长），那么，平衡时：

左侧砝码的重（g）× 力臂长（cm）= 右侧砝码的重（g）× 力臂长（cm），这就是杠杆原理。

因为一边的砝码重，是用手指施于施力点的力量大小来表示，因此，利用手指压的杠杆平衡，计算方式如下：

抗力点的砝码重（g）× 力臂长（cm）= 施力点的施力大小（g）× 力臂长（cm）。

● 支点在前端的杠杆

控制杠杆的作用，决定于重量（力）乘力臂长的积，跟施力点和抗力点在支点的哪一边，没有关系。

支点在前端的杠杆，抗力点和施力点位于支点的同一侧，砝码和力朝反方向控制杠杆。在这两者作用相等的时候杠杆会平衡，平衡的公式和支点在施力点与抗力点之间的情况一样。因为施力点的作用是朝上，所以，用弹簧秤的平衡公式得到证实。支点到施力点的距离如果是抗力点的 2 倍、3 倍……时，力也会变成砝码重的二分之一、三分之一……

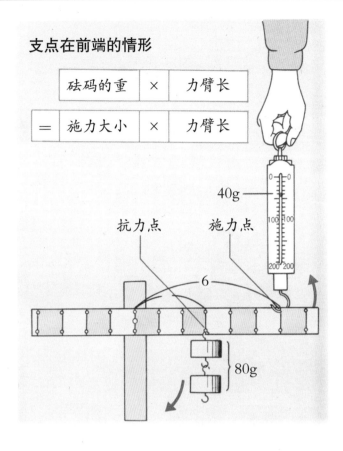

支点在前端的情形

砝码的重	×	力臂长
= 施力大小	×	力臂长

40g

抗力点 施力点

6

80g

要点说明

控制杠杆的作用由砝码重量与力臂长的乘积来表示，当杠杆受到两个方向相反但大小相等的作用时，杠杆就达到平衡。因此，抗力点的砝码重 × 力臂长 = 施力点的施力大小 × 力臂长。

♥ 进阶指南

支点的作用力 要了解支点的作用力，可以在杠杆的两侧挂砝码，使杠杆平衡，再用弹簧秤吊起支点，读出秤上的刻度，刻度所显示的就是支点的作用力。换句话说，支点的作用力等于施力点和抗力点所挂的砝码重再加上杠杆的重。

因此，移动大石头等东西时，支点会产生极大的力。如果支撑支点的枕木或地面太软的话，杠杆就不易发挥它的功能。此外，杠杆所用的棒子，一定要选择结实且不容易弯曲的材料。

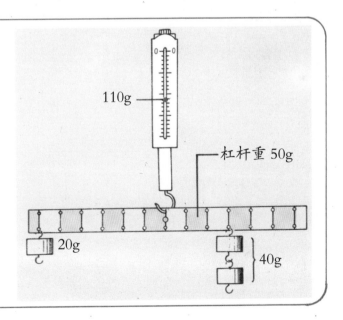

110g

杠杆重 50g

20g

40g

杠杆的运用

杠杆的两种作用

◉ 杠杆的两种作用

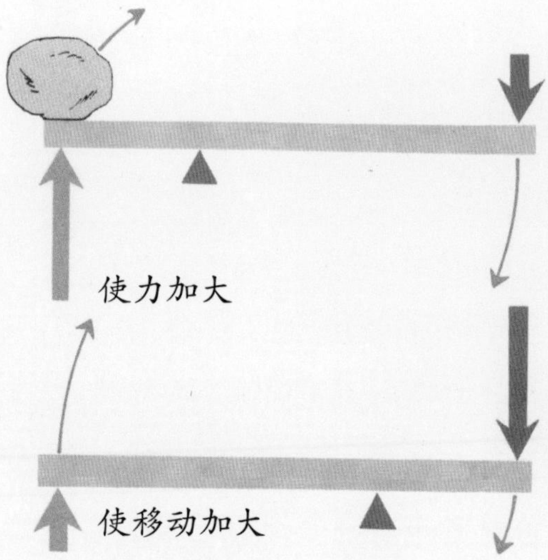

　　杠杆可用来移动重物，或将较小的力变成较大的力。这时，施力点虽然变动大，可是，抗力点却只有少许变动。如果把这点反过来运用的话，杠杆可以把小移动转变成较大的移动。这时，施力点接近支点，抗力点则离支点远。这就是杠杆的两种作用。

使力加大

使移动加大

支点在中央的杠杆
有可使力加大和移动加大两种

■ 抗力点　　▲ 支点　　● 施力点

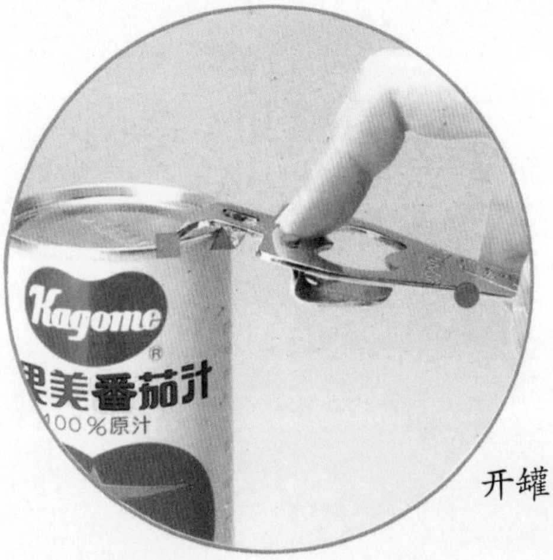

开罐器

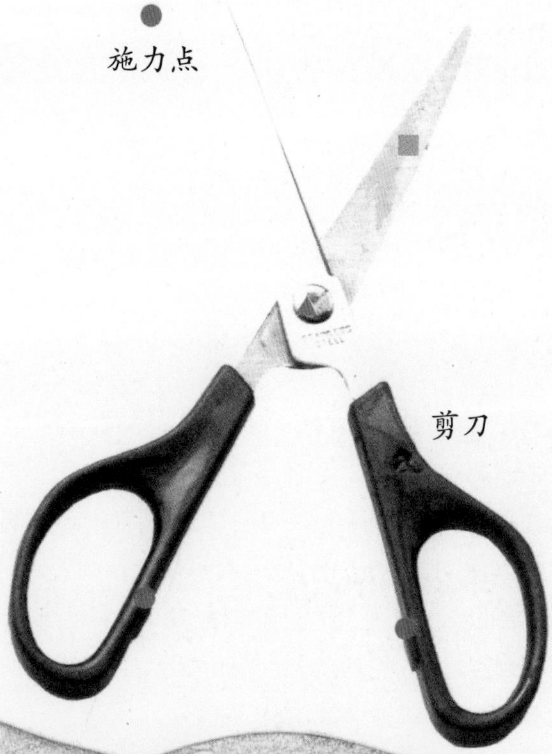

剪刀

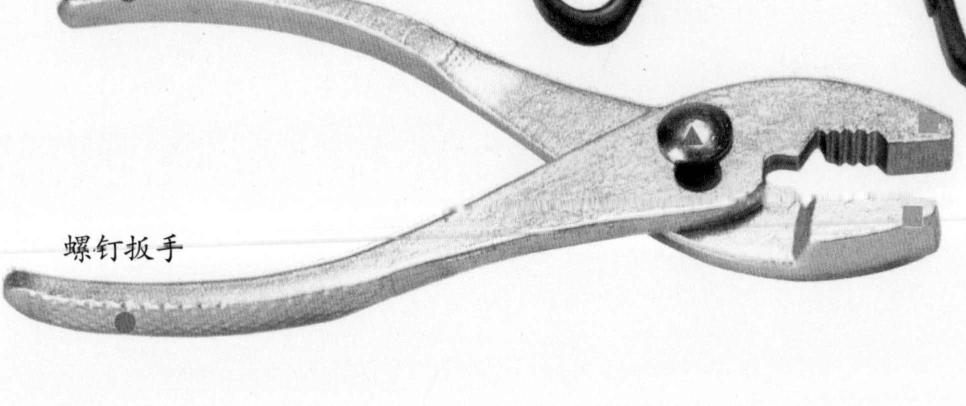

螺钉扳手

抗力点在中央的杠杆
运用于使力加大时

支点　抗力点　施力点

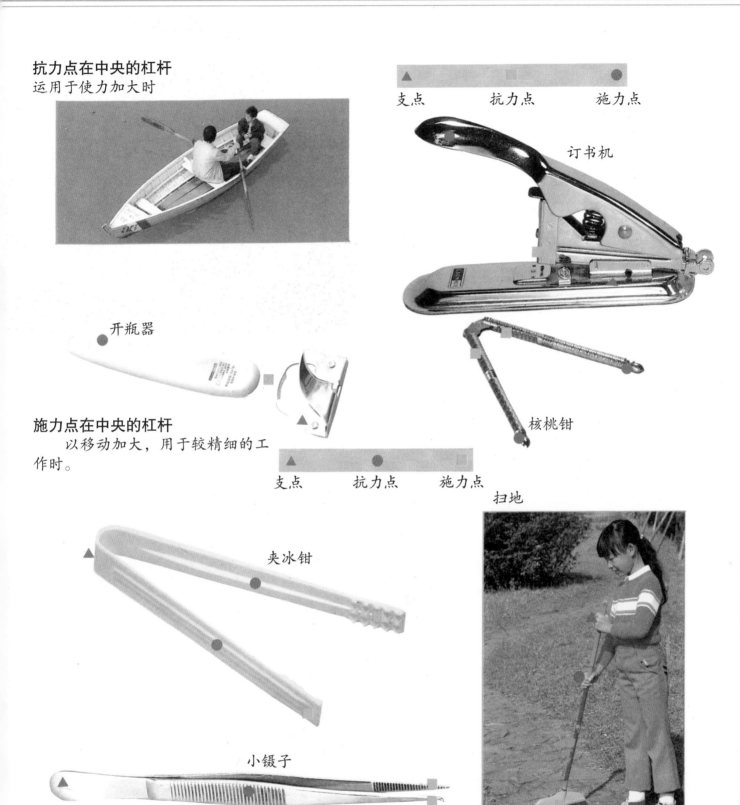

订书机

开瓶器

核桃钳

施力点在中央的杠杆
以移动加大，用于较精细的工作时。

支点　抗力点　施力点

夹冰钳

扫地

小镊子

要点说明　依照支点、施力点和抗力点的排列方式，杠杆可分成 3 种。除此之外，还有可分别使力或移动加大两种。

杠杆与轮轴

轮轴

汽车方向盘的原理，是使正中央的轴易于转动。在细轴上安装大圆环或圆板，以便能够轻松地转动轴，这种构造就称为轮轴。

以调查控制杠杆作用时所运用的方法，做同样的实验，观察轮轴的构造。

实验 用砝码来观察轮轴的平衡。

利用轮轴的汽车方向盘

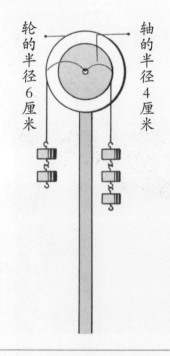

轮的半径6厘米

轴的半径4厘米

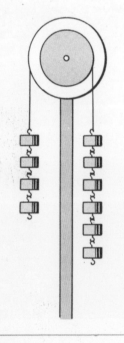

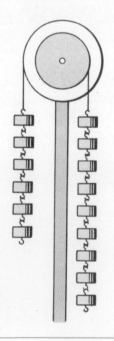

准备一个大轮半径6厘米、小轮（轴）半径4厘米的轮轴实验器（用纸板做也可以），像左图那样装在灯架上。

在两端挂砝码，观察平衡时砝码的个数。

◆轮轴的轮与轴半径比为2：3时，平衡砝码的个数比为3：2。

将以上的实验整理如下：

轮轴的情形是，当轮半径是轴半径的2倍、3倍……时，转动轴的力量也是转动轮所需力量的2倍、3倍……像杠杆一样，可以用以下的公式表示。

施于轮的作用力 × 轮的半径＝施于轴的作用力 × 轴的半径

公式的左边，表示转动轮的作用，右边表示转动轴的作用。

◉ 轮轴与杠杆

如右图，水平杠杆以轮轴中心为支点，轮的前端当施力点，轴的前端当抗力点。从支点到抗力点的距离等于轴的半径，也就是2，支点到施力点的距离等于轮的半径，也就是3。由此可知，和杠杆一样，转动轮的小力量可以变成转动轴的大力量。

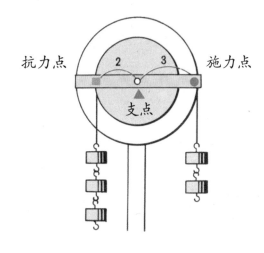

抗力点　施力点
支点

要点说明　　轮轴的构造能够帮助我们把转动轮的小力量变成转动轴的大力量。

它的公式如下：施于轮的作用力 × 轮的半径 = 施于轴的作用力 × 轴的半径

利用轮轴的东西

（➡表示轮转动的方向，➡表示轴转动的方向。）

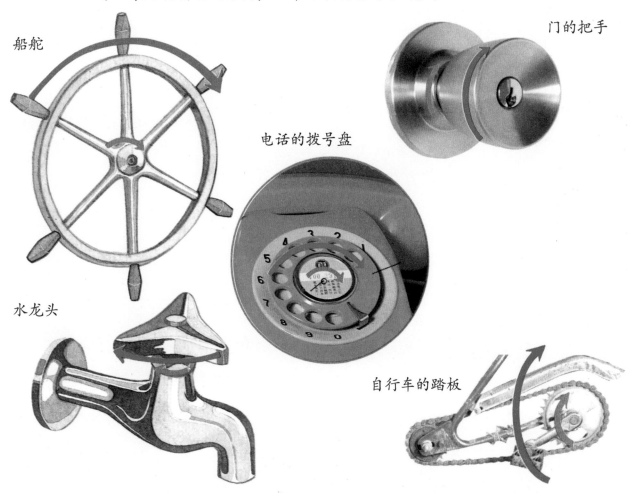

船舵

门的把手

电话的拨号盘

水龙头

自行车的踏板

杠杆与滑轮

● 定滑轮

装有绳子或钢缆，可以改变力的方向或是拉起重物的轮状工具称为滑轮。滑轮也可以由若干个组合使用。滑轮中，轴不动的称为定滑轮。

 实验 观察定滑轮的作用。

建设摩天大楼用的链滑轮能够吊起重物

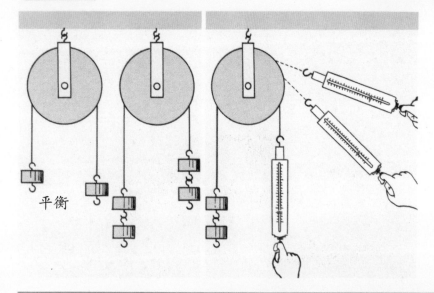

平衡

如左图所示，两侧挂上砝码使之平衡。

改变绳子的长度再试试看，用弹簧秤从各种方向拉绳子看看。

◇ 两侧的砝码重量相同时，绳子长度的变化不会影响平衡。

改变绳子的受力方向，也不会影响平衡。

如右图所示，把定滑轮的轴当作支点的杠杆，由于力臂长相同，假设砝码重量相等的话，不论左或右，转动滑轮的力都会相等。

可是，定滑轮和杠杆不同，不论将绳子往下拉或斜拉，只要用砝码和大小相同的力就可以使之平衡。因此，使用定滑轮并不能改变力的大小，只能改变力的方向。

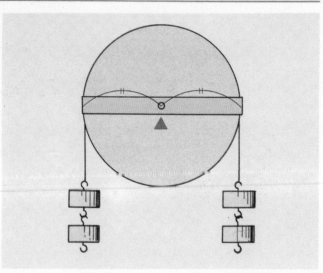

◉ 动滑轮

如下左图所示，将绳子的一端固定在天花板上，再将另一端往上提，这就是能够把砝码往上拉的滑轮。这时，因为滑轮本身往上动，所以称为动滑轮。

动滑轮和砝码由2条绳子所支撑，如下右图，杠杆把轴当作支点，当动滑轮平衡时，因为两边的力臂长相同，所以，力的大小也相同。因此，在绳子一端往上拉的力量，只需滑轮与砝码重量合起来的一半。

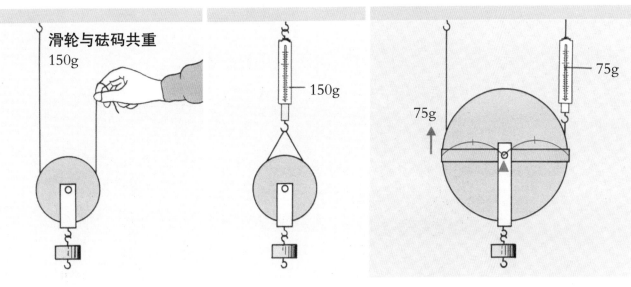

滑轮与砝码共重 150g
150g
75g
75g

◉ 滑轮的组合

如右甲图，把非常轻的动滑轮和定滑轮组合起来，便能够以1个砝码支撑2个砝码。

至于像右乙图那样的组合，是在一组非常轻的滑轮上绕了4条绳子，所以，1个砝码可以支撑4个砝码。

能吊起机械等重物的链滑轮，所利用的就是这种滑轮组合。

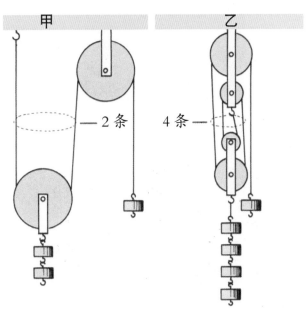

甲   乙
——2条   4条——

> **要点说明**　定滑轮虽然不能改变力的大小，却可以自由改变力

的方向。至于动滑轮，只需滑轮和物品重量的一半的力，就可以将东西举起来。

整理——杠杆作用

■杠杆的3个点

杠杆有支点、施力点和抗力点，这3点的排列方法共有3种。

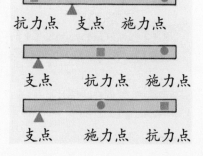

抗力点　支点　施力点

支点　抗力点　施力点

支点　施力点　抗力点

■杠杆作用

杠杆作用分成将小力量转变成大力量，或将小移动改变成大移动两种。

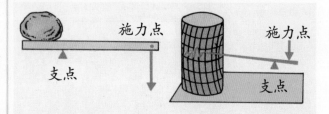

施力点

支点

施力点

支点

■力与重量

力的大小可以用重量来表示。譬如，10克的力，就是在弹簧上挂上10克的砝码时的伸长量，或是把弹簧拉到相同长度所需要的力。

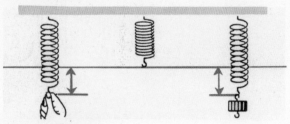

■杠杆的平衡

控制杠杆的作用

= 力的大小（砝码的重）× 力臂长

控制杠杆朝相反方向转的力跟砝码的作用相等时，杠杆就会平衡。

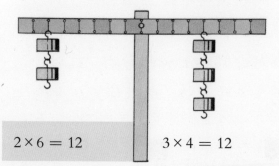

$2 \times 6 = 12$　　　$3 \times 4 = 12$

■轮轴的平衡

施于轮的作用力 × 轮的半径

= 施于轴的作用力 × 轴的半径

轮轴，可以把轮（大轮）的小作用力转变成轴（小轮）的大作用力。

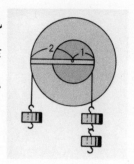

■滑轮

定滑轮虽然无法改变力的大小，却可以改变力的方向。

利用动滑轮，只需滑轮和砝码重量的一半的力，就可以把砝码往上举。这时，动滑轮也会往上移动。

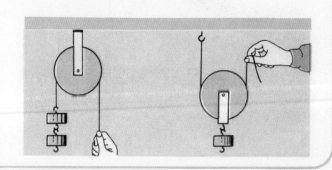

（3）重心

粗细不一样的杆子，如果以中央稍偏粗的一边为支点，就可以保持水平。这是因为支点两侧重量使杆子绕右转，与左侧重量使杆子绕左转，这两作用相等的缘故。

不仅是杆子，像三角板或圆板，只要支撑某一点，就可以保持水平。这个支点就称为重心。有些物体的重心在物体本身之外，因此这种形状的物体就无法保持水平。

用手使三角板或杆子稍微倾斜，重心就会降低。放手后，使重心越来越低的力量发生作用，最终导致跌落。

各种物体的重心

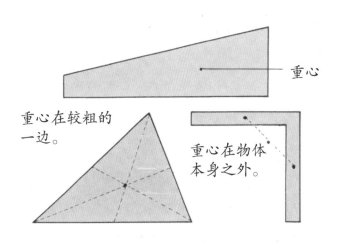

重心

重心在较粗的一边。

重心在物体本身之外。

如果让不倒翁倾斜，重心会上升。这个时候，使重心拉低的力量仍会发生作用，所以一放手它又恢复到原来的位置。

▼不倒翁

3 力

力的平衡

当数种力同时施于一个物体时，如果物体静止不动或做等速的直线运动，这些力便是平衡的。我们来看看，两个力的平衡与三个力的平衡，各须配合什么条件。

二力的平衡　施于同一个物体的两个力，若在同一直线，而且大小相等、方向相反，这两个力便因互相抵消而获得平衡。在这种情形下，即使两个力的施力点不相同也没有关系。不分胜负的拔河赛便是一个例子。

二力平衡与作用　反作用定律的差别二力平衡是指施于同一物体的两个力的关系。但是，作用、反作用定律则是指两个物体直接相互作用的力大小相等而方向相反。这两种情形各不相同，但是很容易混淆，所以应多加留意。

旋转秋千：由于在进行圆周运动，因此会有一种称为离心力的力量作用于坐在秋千的人身上。

离心机

二力平衡

A　B

A 的拉力 = B 的拉力

A 和 B 从两端拉一个物体

作用和反作用

A　B

B 的拉力 = A 的拉力

A 和 B 互相直接拉扯

三力的平衡与力的合成

三个力同时施于一个物体并且保持平衡，这便是三力的平衡。在这种情况下，我们还必须考虑另一项不同的要素，那就是力的合成。

当数个力同时施于某一物体上的一点时，和这些力的总合作用相同的力，便称为这些力的合力。

用箭头记号表示二力的合力。把二力当作二个边画出平行四边形时，可由通过二力作用点的对角线之方向与大小来求得合力，这叫作力的平行四边形定律。

三力的平衡原理或相关定律都可用弹簧秤（右）或砝码来试验及观察。

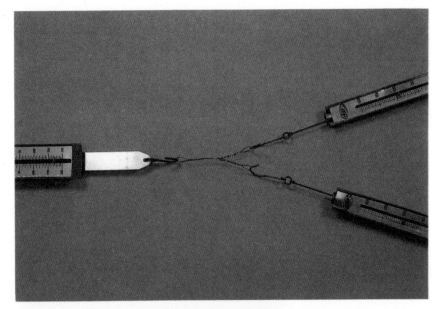

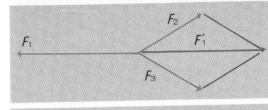

F_2 和 F_3 的合力 F_1' 可由力的平行四边形定律求得。合力 F_1' 的大小与 F_1 相等，但方向相反。

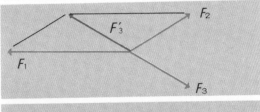

F_1 和 F_2 的合力 F_3' 可由力的平行四边形定律求得。合力 F_3' 的大小与 F_3 相等，但方向相反。

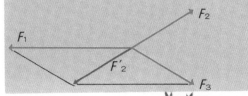

F_1 和 F_3 的合力 F_2' 可由力的平行四边形定律求得。合力 F_2' 的大小与 F_2 相等，但方向相反。

砝码的平衡原理

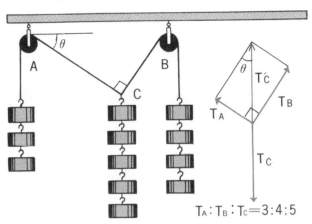

$T_A : T_B : T_C = 3 : 4 : 5$

🐞 进阶指南

水平使用弹簧秤时的注意事项 如果垂直地使用弹簧秤，弹簧秤会显示正确的刻度值；但若横着使用，所得的值将比正确的值小。在已知质量的砝码上绑上绳索并穿过定滑轮，然后安置于横放的弹簧秤上以测其重量。把秤得的重量和正确的重量相互比较，再把比较所得的差额当作修正值，把修正值加入测定值便可求得正确的值。

斜面上的物体与力的分解　仔细想想球体从光滑的斜面上滚落的情形。斜面和水平面所构成的角度愈大，球体的滚落愈迅速。

我们可以从力的分解观点来探讨上述现象。把一个力分为二个以上的力，叫作力的分解；分解后的每一个力叫作分力。力的分解刚好和力的合成相反。例如，把一个力分解为两个力时，如果把这一个力当作平行四边形的对角线，那么，分解后的二力便是平行四边形的两边。

球体的重力作用方向都是垂直向下，把这个重力设定在长方形的对角线，便可以从长方形的两边求得和斜面平行及垂直的分力。求分力时，通常是利用长方形把一个力分解为二个互相垂直的分力。

右图的装置是用来观测和斜面平行的分力与角度的相互关系。图表列出观测的结果。由图表可以看出，斜面与水平面的角度愈接近垂直，分力愈大。

斜面上的物体与力的分解

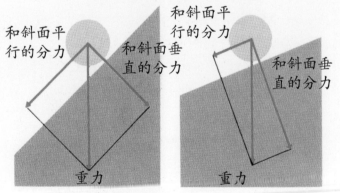

和斜面平行的分力　和斜面垂直的分力　重力

球体从光滑的斜面上滚落时，斜面的倾斜度愈大，和斜面平行的分力也愈大，球体便滚得愈快。

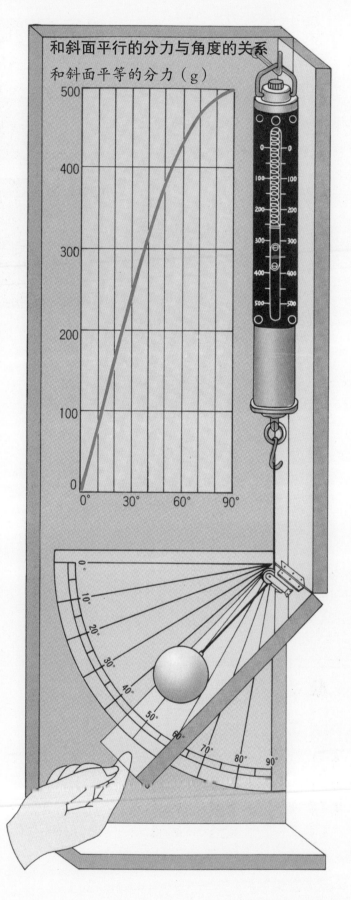

和斜面平行的分力与角度的关系
和斜面平等的分力（g）

●摩擦力

　　摆在斜面上的物体，有时无法顺利地滑落，这是因为物体和斜面之间有一种作用力，阻碍了物体的移动。当物体在接触面上运动时，接触面上通常会产生阻碍运动的力量，称为摩擦力。

静摩擦力　拖拉地板上的物体时，如果力气太小，物体不会移动，这是因为物体和地板之间产生了摩擦力，摩擦力和拉力相互抵消后，二力便成为平衡状态，物体自然无法移动。这种摩擦力称为静摩擦力。静摩擦力和施于物体上的拉力相等，但两种力的作用方向相反。如果拉力变大，静摩擦力也会跟着加大。

最大静摩擦力　如果慢慢加大拉力，终于把物体拉动了，那么在物体即将移动前的刹那，静摩擦力会增加到最大，这时的摩擦力就称为最大静摩擦力。

动摩擦力　物体移动时，摩擦力依然存在，这时的摩擦力称为动摩擦力。即使物体的运动速度改变了，动摩擦力仍然大致保持一定。

物体的重量和摩擦力的关系　物体的重量和最大静摩擦力成正比。但是，随着摩擦面性质的差异，比例常数的大小会有所不同。

物体表面性质与摩擦力的关系　摩擦力的大小会随着摩擦面性质的不同而改变。若在光滑的表面上，摩擦力会变小；若在粗糙的表面上，摩擦力会变大。

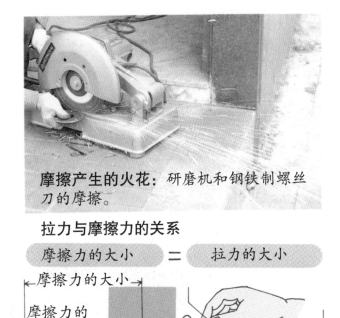

摩擦产生的火花：研磨机和钢铁制螺丝刀的摩擦。

拉力与摩擦力的关系

| 摩擦力的大小 | ＝ | 拉力的大小 |

摩擦力的大小／摩擦力的方向／拉力的大小

静摩擦力的大小和拉力相等，但方向相反。

最大静摩擦力与物体重量的关系
最大静摩擦力（g）

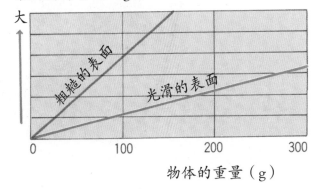

大

粗糙的表面

光滑的表面

0　　　100　　　200　　　300

物体的重量（g）

　　最大静摩擦力和物体的重量成正比，但比例常数会随着表面的性质差异而改变。

滑雪：滑雪板和雪之间的摩擦力很小，所以能够轻易地滑动。　**轮胎：**表面愈粗糙，摩擦力愈大。

● 自行车的构造

　　自行车是我们平日常见的交通工具，不论是购物或出游都可用它来代步，非常方便。在空气污染的情形愈来愈严重的现在，为了维护我们的健康和环境的清洁，出行时利用自行车代替汽车，或许是一种可行的方法。

自行车各部位的名称

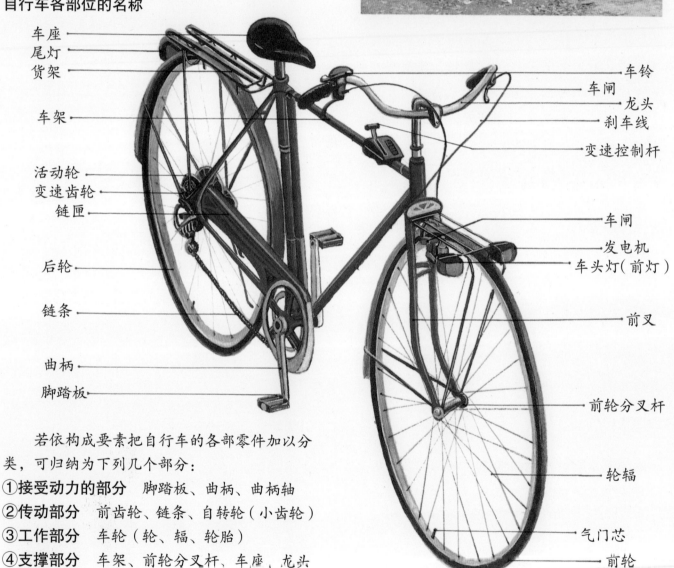

车座
尾灯
货架
车架
活动轮
变速齿轮
链匣
后轮
链条
曲柄
脚踏板

车铃
车闸
龙头
刹车线
变速控制杆
车闸
发电机
车头灯（前灯）
前叉
前轮分叉杆
轮辐
气门芯
前轮

　　若依构成要素把自行车的各部零件加以分类，可归纳为下列几个部分：

①**接受动力的部分**　脚踏板、曲柄、曲柄轴
②**传动部分**　前齿轮、链条、自转轮（小齿轮）
③**工作部分**　车轮（轮、辐、轮胎）
④**支撑部分**　车架、前轮分叉杆、车座、龙头

　　除此之外的构成零件还包括操纵装置和变速装置。如果从自行车的基本功能来看的话，上列四项要素已包含了自行车的重要构造。

接受动力的部分 自行车是由骑车的人借着脚部的运动把力量由脚踏板依序传给大齿轮→链条→后齿轮→后轮，然后车身便开始移动。

曲柄装置可以把脚部所做的上下运动（来回运动）改变成旋转运动。曲柄和大齿轮安装在曲柄轴上，当脚踩着脚踏板使曲柄旋转一圈时，大齿轮也会跟着旋转一圈。把力量传给曲柄的地方是脚踏板的位置，把力量传给链条的地方则是大齿轮的位置。因此，依照杠杆的原理，由大齿轮施于链条的力量比脚施于脚踏板的力量大。

传动部分 把旋转运动传给其他部分时，可利用齿轮或带滑轮。齿轮是借着齿的啮合把旋转运动确实地传送出去，但所能传送的距离很短。带滑轮可以把旋转运动传到远处，但偶尔会滑脱，所以力的传达并不是很确实。

自行车使用的链轮能够把旋转运动确实地传到远处，这种装置由英国的史塔利在1885年发明成功。

齿轮、曲柄（2段）的实例

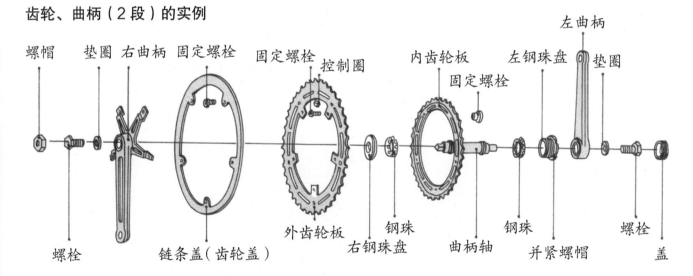

脚帽　垫圈　右曲柄　固定螺栓　　固定螺栓　控制圈　　　内齿轮板　左钢珠盘　左曲柄　垫圈　　　　　　　　固定螺栓

螺栓　　　　链条盖（齿轮盖）　　外齿轮板　右钢珠盘　钢珠　曲柄轴　钢珠　并紧螺帽　螺栓　盖

脚踏板的种类

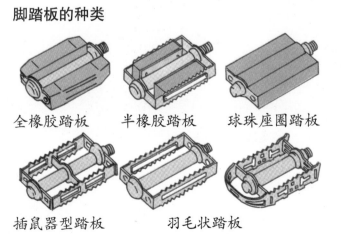

全橡胶踏板　半橡胶踏板　球珠座圈踏板

插鼠器型踏板　羽毛状踏板

自行车的链条尺寸

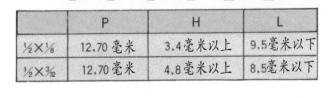

	P	H	L
1/2×1/8	12.70毫米	3.4毫米以上	9.5毫米以下
1/2×3/32	12.70毫米	4.8毫米以上	8.5毫米以下

4 地层

地层的构造

◉观察地层

我们平常所看到的山、河、平地底下是怎样的构造呢？

山区的路往往是切开山丘铺设的，从路旁的剖面可以看到地层结构的一些线索。

有些山路旁的崖面只看到一些凹凸不平的岩块，但是，仍可看出一些条纹状的构造。这些条纹状且重叠的结构，我们称之为地层。

条纹状的地层不仅可在山路旁看得到，河岸或海岸边也常看得到。

❶条纹状地层的组成。

❷地层的组成物。

❸地下水的去向。

❹地层所含的东西。

❺地层的形成。

❻地层受到横向压力时形状。

当我们观察条纹状地层时，应该先做一次整体性观察。先将整体做个描绘，然后照下列事项记下来：❶ 崖面整体的高度和宽度。❷ 地层是条纹状、水平状，还是歪斜状？❸ 条纹有几条？等等。

接着，走近崖面仔细观察下列各项：❶ 各个条纹的厚度、条纹的颜色。❷ 各个条纹是由什么东西构成的？硬度怎样？颗粒有多大？是什么形状？（可用放大镜观察）

从下面的照片可以知道，沙和黏土层相互重叠，组成了地层的条纹状结构。地层的种类有很多，有的地层就只是很厚的一层，有的渗入一些石砾，有的则由火山喷出的灰等组成。

由沙组成的地层

左图是由沙组成的地层照片，颜色略白，表面很粗糙。用放大镜来看，一粒一粒看得很清楚，沙粒已不带角，多呈圆形。这种地层有的很硬，有的很软。

由黏土组成的地层

左图是由黏土组成的地层照片。组成此地层的黏土紧密黏合，而且黏土粒相当微细，用放大镜看，颗粒的形状看不清楚。地层颜色为灰色，用手抚摸表面，很平滑。

● 组成地层的物质

仔细观察地层，我们可以看到每一地层组成物质的颗粒、大小、形状、颜色都有不同。也因为不同，所以条纹和条纹之间也特别明显。

再仔细看看条纹之间，可以发现它们并非呈一直线，而是有些凹凸不齐的现象。那么，组成这些地层的到底是哪些物质呢？

下图是由砾石和沙粒组成的层理放大照片。在这种砾石层中，砾石之间夹挤着许多沙粒，而且砾石也有大有小。可以看出砾石都已被磨去尖角变成圆形，很像河滩上的圆石子。

由沙粒组成的层理之中，有粗沙也有细沙，沙粒大小不一，但都跟河滩上的沙很像，每一粒都是圆圆的。

组成黏土层的颗粒非常细小，所以

条纹状的地层

形状看不太清楚，而且松软地层中的黏土很像下游河滩上的黏土。

由此可知，砾石层、沙层、黏土层都是因水的作用搬运过来，然后聚积在一起而形成的。

由于上层的挤压，沙和黏土间的颗粒之间不再有空隙，变成了坚硬的岩石。

砾层

沙层

◉地层的延展和连接

在断崖，我们可以用铲子挖一挖地层层理的分界部分来看看。继续向下挖，可看到分界部分是一直延续到地层里的。

有些条纹状层理也会连到旁边的山崖上。若在这些连在一起的地层各处挖掘，我们就可以看出其连接到深处的现象。这种连在一起的地层，成分都一样，

就好像叠在一起的木板。

从被山路切开的地层照片来看，地层原本是连接在一起的，后来地层塌陷，上面长了草，便看不出地层相连的情景了，但从一层层的颜色、厚度以及组成的颗粒大小、形状，还是可以看出地层相连的轨迹。

地层的延展

地层的相连

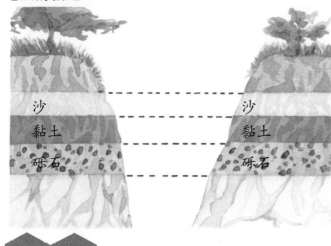

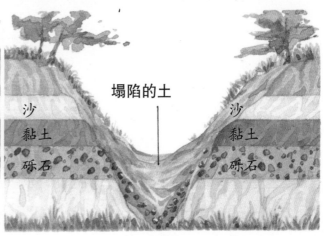

塌陷的土

沙
黏土
砾石

沙
黏土
砾石

沙
黏土
砾石

沙
黏土
砾石

要点说明

在断崖所看见的条纹状层理，是由砾石、沙、黏土等层面像木板相叠一样叠成的。地层面广且有厚度，每一层都由不同的颗粒组成，其硬度也各不相同。

地层里的物质

● 地层里的地下水

储存在地面下的水称为地下水。我们从井里打上来的水也是地下水。地下水其实是雨水、河水、湖水等渗透到地层里的水。

有时候，地层断面也会冒出泉水。地下水究竟是怎么从地层渗出来的呢？

地下水冒出来的情景。

实验 观察水是怎么渗透到地层的。

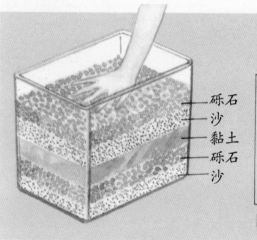

砾石
沙
黏土
砾石
沙

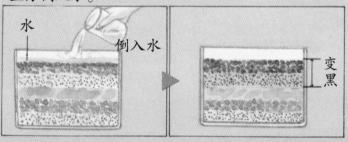

正方体水槽，由下往上，依序放着沙、砾石、黏土、沙、砾石，形成如地层的模型，然后从上方倒入水。

水 倒入水 变黑

◇ 水容易通过砾石和沙层，但不易通过黏土层。

🌱 进阶指南

地盘下陷 地层经常受到来自上层和下层力量的挤压，如果其中含有地下水，容易收缩的地层虽遭挤压也不易收缩。但是，一旦其中的地下水被大量抽取，地下水消失，地层就会发生收缩，地盘也就陷了下去。这种情况称为地盘下陷，这种现象已在大都市引发严重隐患。

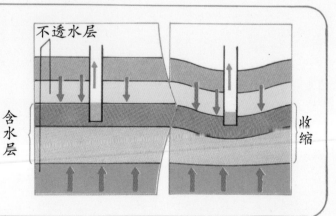

不透水层

含水层

收缩

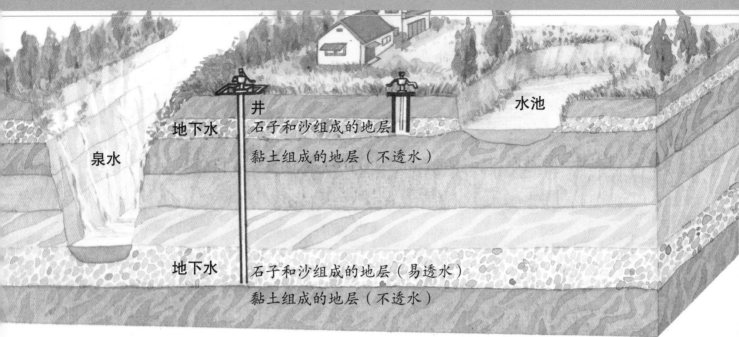

由于颗粒微细，黏土层几乎没有空隙，因而水很难通过。但是，颗粒较粗的砾石和沙层，由于有空隙，水很容易通过。

落到地面的雨水，渗透过颗粒较粗的砾石或沙层之后，会积聚在黏土层上面。如此形成的地下水在不透水层上通过，并积存在较低的地方。

掘井汲水时，就必须挖到不易透水的黏土层上，即地下水积聚的地方。

如果积聚地下水的地层碰到断崖时，水就会涌出来而形成泉水。

 进阶指南

地下水形成的瀑布

有些火山山麓由于有断层，会涌出许多地下水而形成瀑布。

轻石层和熔岩（火山喷发而凝成的岩石）之间的裂缝流出的地下水，积聚在不透水的坚硬岩层上，流经断崖而落下，形成了瀑布。

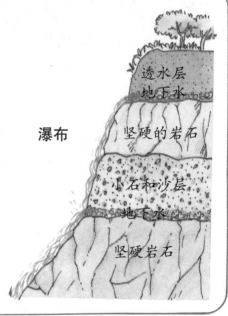

◉ 隐藏在地层中的化石

有时我们会在地层中发现一些贝壳、树叶之类的遗迹，这就是化石。化石是远古时代生物死后，身体被埋在地层中而遗留下来的。

除了这些生物的遗骸之外，它们当年生活的遗迹也算是化石。像贝、蟹之类的巢穴和动物的足迹、粪便等，遗留在地层中的都是化石。

因此，调查地层中的化石，就可以知道当时地层形成的状况。例如，原本只生长在温暖海洋的珊瑚遗骸，现在如果在寒冷地区的地层被发现的话，我们可以推断这个地层在形成的时候是温暖的海洋。

此外，有些化石里也有一些已完全绝灭的生物的遗骸。所以，含有这类生物化石的地层，我们可以推断是在这类生物生存年代形成的。

例如，恐龙在距今约6500万年前灭绝。因此，含有恐龙化石的地层，形成年代至今至少也有6500万年了。

▼ 菊石的化石

▼ 鹦鹉螺

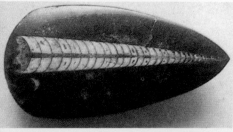

▼ 海蝎

▲ 眼镜三叶虫

▲ 地球上最大的肉食性动物——暴龙的头部化石

要点说明 地层中所含的地下水，集积在黏土和坚硬岩层等不透水层上面。地层中可以看到一些古代生物的遗骸和生活的遗迹，这些都称为化石。

地层的形成

⊙ 砾石、沙、黏土的堆积

从地层中挖出来的砾石、沙、黏土等，大多是被磨掉尖角的圆圆的外形，与河滩上看到的很像。并且，在地层中也常发现贝壳和珊瑚之类的海洋生物化石。

实 验 看看水中的砾石、沙、黏土如何堆积。

把黏土、沙、砾石放入水中搅一搅，等全部混杂在一起之后，静置一段时间。◆从这个实验，我们可以知道它会按照颗粒的大小，以及砾石、沙、黏土的顺序，而堆叠在一起。

在水中，砾石、沙、黏土的颗粒愈大愈先下沉，好像筛选过一样。

如下图所示，把砾石、沙、黏土同时放

由此可见，现在陆上所见的地层，可能是古时候经河流的搬运作用，将砾石、沙、黏土等运到海或湖底积存起来的。

地层中的层次相当明显，比如，沙层主要是由沙粒所构成，而黏土层的颗粒和沙粒不同，一眼就可看得出来。那么，地层为什么会形成这种层次分明的样子呢？

入流水中冲洗，其结果一定会依砾石、沙、黏土的顺序沉下去，从而产生了筛选的作用。

把砾石、沙、黏土放在木板上，放入流水中。

砾石　　　　　沙　　　　黏土

地层的形成

地层的形成也同样有筛选的作用。靠近陆地的地方，颗粒较粗的会先沉积下来，远一点的地方颗粒较细的会沉积下来，而且颗粒大小差不多的，会水平沉积在一起，最后成为一层。

海的深度改变时，沉积物质的颗粒大小也会改变。洪水来时，水量增加，河水流速增加，将砾石运到海中而沉积在沙或黏土上层。

经过这样长年累月不断地堆积，地层层层上积。由于地层是由下往上堆叠，所以，愈下层愈古老。

在地层中会发现化石大多是由于黏土和沙沉积时，居住在那里的生物遗骸被埋在其中，或随着沙和黏土一起运到当地而沉积下来。因此，调查地层可以了解古代所发生的许多事情。

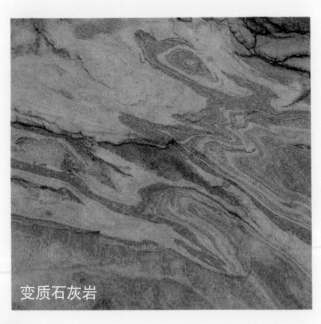
变质石灰岩

火山灰所堆成的地层

大多数地层是由砾石、沙、黏土等沉积在海、湖而形成的。不过，经由其他的作用也能产生地层。

例如，火山爆发时所喷出的火山灰，经过堆积作用，同样会形成地层。沉积在海中的火山灰，多会形成水平状的地层，但经风力搬运堆积在陆上的，就很少会形成像海中所沉积的水平状地层。它会像积雪一样，沿着山和谷地堆积，厚度也会因地形而不同。

生物遗骸所形成的地层

有的地层是由海中的生物遗骸重重相叠而形成的。煤炭就是古代植物遗骸所堆积形成的。

要点说明

河流所搬运来的砾石、沙、黏土受到水的筛选作用，从接近陆地的地方开始，按照砾石、沙、黏土的顺序水平沉积，经常年不断地堆积，形成了厚厚的地层。

凝灰岩

地层的形成　海平面不同，沉积物质的颗粒大小也不同。

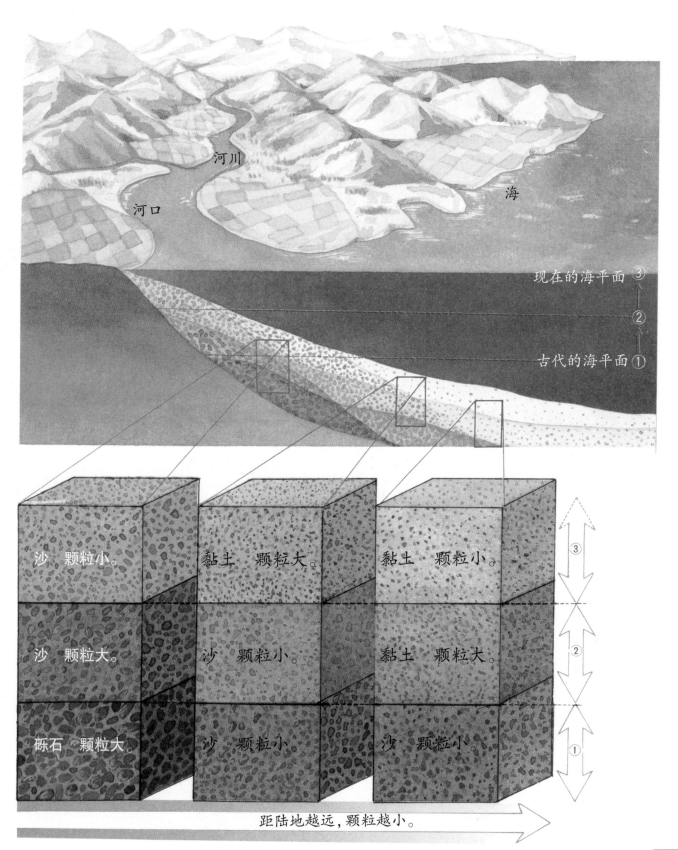

河川

河口

海

现在的海平面 ③

古代的海平面 ①

②

沙　颗粒小。

黏土　颗粒大。

黏土　颗粒小。

③

沙　颗粒大。

沙　颗粒小。

黏土　颗粒大。

②

砾石　颗粒大。

沙　颗粒小。

沙　颗粒小。

①

距陆地越远，颗粒越小。

地层的变化

◉ 褶皱和断层

我们在断崖所见到的地层，通常不完全是水平状的，有的呈倾斜状，有的则呈弯曲状。

这一类地层在水底形成时，一定多呈水平重叠状。但是，经过长时间的变化，受到地壳变动被挤压上来而露出地面，有的变成倾斜状，有的成为弯曲状。

这种呈皱纹状的弯曲的地层，我们称为褶皱。褶皱地层到底是受到怎样的力量作用所形成的？

现在让我们照下图所示，用化学黏

斜状地层

土做成重叠地层的模型，然后从旁边施加压力，化学黏土受到挤压就变成了皱纹状。所以，地层两侧长时期受到挤压，就会产生褶皱状的变化。

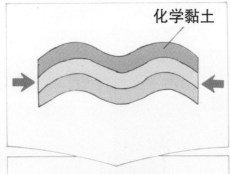

化学黏土

褶皱：从旁边对化学黏土模型施加压力，就产生弯曲，再施加压力，就会产生相反的层叠情形。

褶皱地层

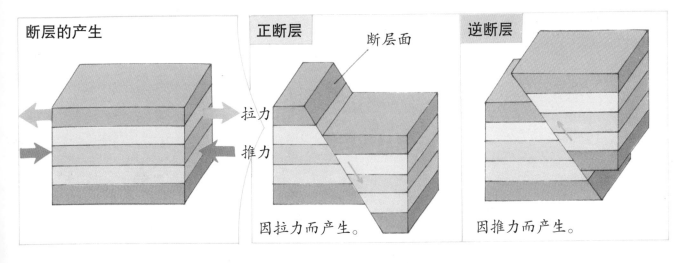

断层的产生

正断层　　断层面

逆断层

拉力

推力

因拉力而产生。

因推力而产生。

褶皱没有一定的范围，大则绵延数十千米，小则几厘米。当褶皱相当激烈时会产生反向层叠现象。

地层的一部分产生裂痕时，就会产生不相连接的情形，称为断层。常可在断崖所露出的地层中看到小型断层。

在断崖等地所看到的断层裂缝，可能一直延续到断崖的深处，也就是说，断层是整个面发生的，这种面我们称为断层面。

断层的倾斜方式有各种状况，如果是由上而下滑落的断层，称为正断层；如果是由下往上错开的断层，就称为逆断层。

断层的大小不一，裂缝有的长达数十千米，有的甚至达数百千米。但有的只是地层有裂痕而已。大规模的断层，可能会造成山、谷或湖等地形。

位于美国加利福尼亚州的圣安地列斯断层。

◎ 陆上看见断层的原因

现在，我们将前面学过的部分整理一下。地层是在海底堆积而成，然后渐渐露出地面，直到显现在我们面前。这个过程，可以分成以下三个阶段。

地层沉积而成 陆地因河流的各种作用而被运走砾石、沙、黏土，这些泥沙石头沉积于海底，经年累月，层层相叠，终于形成厚厚的地层。（图1）

地层露出海面 受到来自海底的推升力量和侧向压力，地层往上升起而露出海面。（图2）

形成山或谷 逐渐承受来自两侧的压力，且力量愈来愈强时，地层往往产生褶皱、断层的现象。有的变成了陆地，或高耸起来，且表面遭到侵蚀，形成山或谷的地形。由于侵蚀作用旺盛，有些褶曲地形倒也不一定会变成山。（图3）

陆上所看到的地层情况

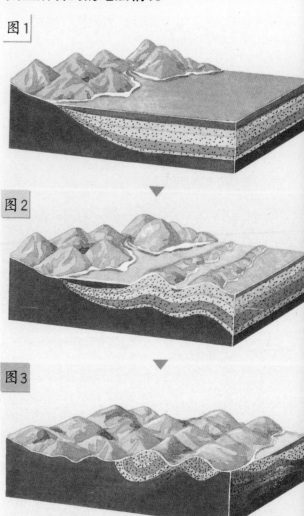

图1

图2

图3

要点说明 地层承受两侧压力时，产生褶皱或断层。原先水平沉积于海底的地层，到显露于陆地上时，已经过了相当长的年代。在这段时期内，地层承受侧向压力或上推力量，从而渐渐地在陆地上显露出来。

✎ 动脑时间

形成厚地层的原因

形成一层一层的地层需要很长的时间，其中厚达1万米的地层也很常见。这类厚地层是逐渐在海底沉积而成的，而且不是向上堆积使海愈来愈浅，而是地盘下沉。所以，地层的沉积并不会对海的深度产生影响。这个事实可由调查地层中所含沙、黏土和化石的情况而获知。

整理——地层

■ 地层呈现条纹状

砾石、沙、黏土像木板一样层层相叠，称为地层。在断崖的地方，常可看见条纹状的地层。

■ 条纹的形成

地层之所以有条纹，是因为每一层组成物质的种类、颗粒大小、颜色不相同所致。

■ 组成地层的物质

组成地层的颗粒物质，已被磨去锐角，和河滩上的黏土、沙、砾石很像。

组成地层的颗粒

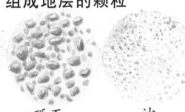

砾石　　　　沙　　　　黏土

地层大多是沙、黏土、砾石等，经由河流的搬运，沉积到海、湖底形成的。

■ 地层中所含的地下水

地下水会积聚在不透水的黏土或岩石层上。有时候会涌出地面成为泉水。

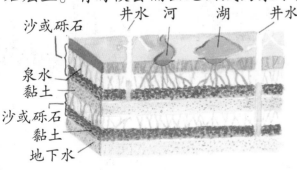

■ 地层里的化石

地层里埋藏着古代生物的遗骸和生活的遗迹，这些都被称为化石。

■ 地层的形成

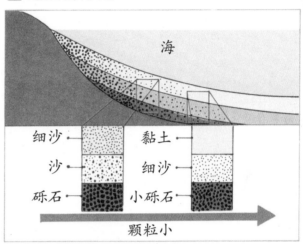

自然界有筛选的作用，大颗粒和小颗粒分开沉积。

■ 地层的变化

地层在水底是以水平方式进行沉积的，经过长时间，或被上推，或倾斜。此外，地层承受压力，产生裂缝而错开，称之为断层。承受侧向压力而变成皱纹状的，就称为褶皱。

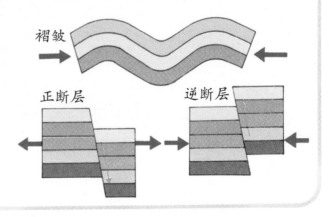

石灰岩地形

石灰岩地层常被雨水和地下水溶解，雨水和地下水中因溶有少量的二氧化碳而呈酸性，所以会溶解石灰岩。

在石灰岩接近地表且分布很广的地区，石灰岩被溶解，形成崎岖不平的岩沟地形和四处坑坑洞洞的渗穴地形。

在石灰岩地形之下，则会出现所谓的钟乳洞。洞穴上端的水滴下来，由于水中含有石灰质，形成下垂的结晶，从而成为钟乳石。并且，滴在地面的逐渐往上堆积形成笋状，称为石笋。

钟乳石洞

钟乳石

石灰岩地形
钟乳石洞

5 挑战测试题

（1）风车

1 照右图的指示制作风车。这3个风车哪一个转得最快呢？在（　）中画√。【10】

① (　　)　　② (　　)　　③ (　　)

 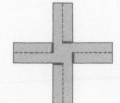 

———　→ 切断

- - - - - -　→ 折线

2 看图回答下列问题。

①

②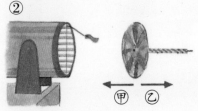

甲　乙

（1）比较①和②，哪一个送风比较强呢？【10】

（　　　　）

（2）图②中的风车要往甲、乙哪个方向移动，才会转得比较快呢？【10】

（　　　　）

（3）图②的情况下，若送风机和风车的位置不动，要使风车转动更快，应该要怎么做比较好？

【5】

（　　　　）

3 如下图指示，在风车的轴上绑线，再回答下列问题。每题5分【15】

（1）当风车开始旋转时，如果把手指放开，绑在风车轴上的线会变成什么情况呢？

（　　　　　　　　　　　）

（2）如果手抓着线不放，这时让送风机送风，那么风车能转动吗？

（　　　　　　　　　　　）

（3）照（2）做的时候，手指会有什么感觉呢？

（　　　　　　　　　　　）

答案　**1** ②　**2**（1）①　（2）　　　　（3）使送风机的风力变强。
3（1）线会缠绕在轴上。　（2）不能转动。　（3）手指会感觉到有股力量在拉。

4 现在我们要利用风车来拉动东西，请回答下列问题。每题5分【35】

（1）在线上夹晾衣夹子，然后随时变换风速。

看看下面的叙述，在（　）中写上风速是"强"或"弱"。

①晾衣夹子慢慢地上升。（　　　）

②晾衣夹子很快地上升。（　　　）

（2）当风力在强、中、弱3种速度上变换时，被拉起的晾衣夹子数目，就如下图所示一样。

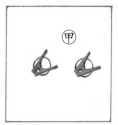  

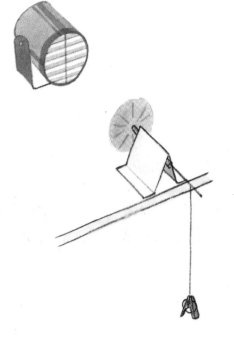

①在（　）中填上强、中或弱。

甲（　　　）　　乙（　　　）　　丙（　　　）

②当风速转强的时候，被风车拉起来的衣夹子数目会有什么变化呢？

（　　　　　　　）

③当风速变强时，风车的旋转力会变得如何呢？

（　　　　　　　）

5 如左图指示，在2架相同的风车上绑上相同的橡皮筋，再用送风机送风。请回答下列问题。

每题5分【15】

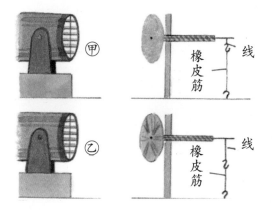

（1）甲和乙之中哪一边的风比较强呢？

（　　　　　　　）

（2）将（1）中答案的原因写出。

（　　　　　　　）

（3）让乙风车渐渐靠近送风机，橡皮筋会如何呢？

（　　　　　　　）

4 （1）①弱　②强　（2）①甲弱　乙强　丙中　②变多　③变强
5 （1）甲　（2）因橡皮筋的伸缩较大　（3）橡皮筋会被渐渐拉长

（2）杠杆的作用

1 如下图所示，利用杠杆来搬运石头，请问①到⑥之中何者是支点、施力点、抗力点呢？
每题 3 分【18】

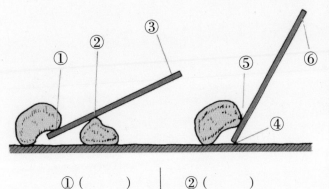

① （　　　） ② （　　　）
③ （　　　） ④ （　　　）
⑤ （　　　） ⑥ （　　　）

2 下图是利用杠杆原理所做的工具。①到⑥之中何者是支点、施力点、抗力点呢？请填入（　　　）中。
每题 3 分【18】

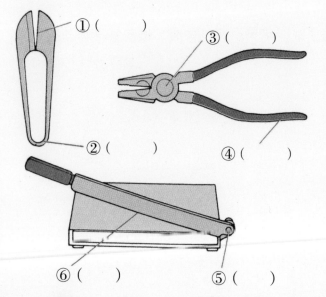

① （　　　）
③ （　　　）
② （　　　）
④ （　　　）
⑥ （　　　）
⑤ （　　　）

3 如下图所示做一个杠杆的平衡实验，当手拉住弹簧后，弹簧伸长了 10 厘米，杠杆保持平衡，现在弹簧各吊在 A、B 时，如果要维持平衡，则要怎么拉弹簧呢？从方框中选出答案，填入（　　　）中。
每题 4 分【8】

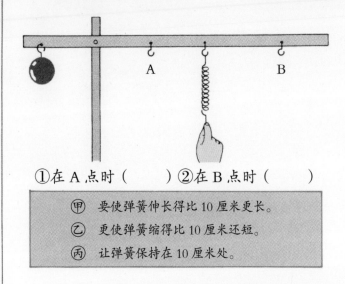

①在 A 点时（　　　） ②在 B 点时（　　　）

甲	要使弹簧伸长得比 10 厘米更长。
乙	更使弹簧缩得比 10 厘米还短。
丙	让弹簧保持在 10 厘米处。

4 吊了 21 克的砝码，甲弹簧会伸长 9 厘米，乙弹簧则会伸长 15 厘米，则下图①到③的弹簧各会伸长多少厘米呢？
每题 2 分【6】

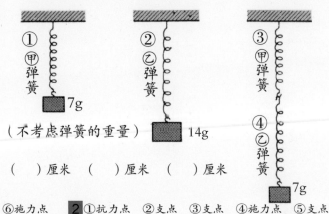

（不考虑弹簧的重量）

（　　　）厘米 （　　　）厘米 （　　　）厘米

答案➡ **1** ①抗力点 ②支点 ③施力点 ④支点 ⑤抗力点 ⑥施力点 **2** ①抗力点 ②支点 ③支点 ④施力点 ⑤支点 ⑥抗力点 **3** ①甲 ②乙 **4** ①3 ②10 ③8

5 下图中，若要使杠杆保持水平，则①到④各要吊几克的砝码呢？

每题 4 分【16】

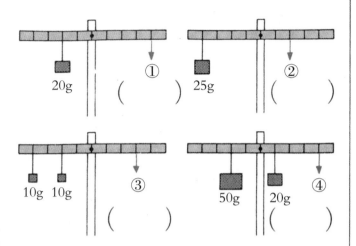

20g ( ) ①

25g ( ) ②

10g 10g ( ) ③

50g 20g ( ) ④

6 要使下图中的杠杆都保持在水平状态，则①、②2个秤分别应表示为几克呢？

每题 4 分【8】

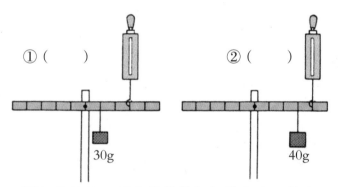

① ( )

② ( )

30g

40g

7 如果要使下图中的轮轴都保持在水平状态，则①、②2处各应挂上几克的重物呢？

每题 5 分【10】

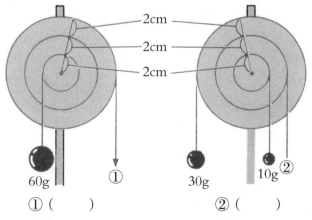

2cm

2cm

2cm

60g ①

30g 10g ②

① ( )

② ( )

8 有一支长 60 厘米的木棒，利用这根木棒来做各种实验。请回答下列问题。

每题 4 分【16】

（1）如下图所示，此时木棒能保持平衡，请问木棒的重量是多少呢？

( )

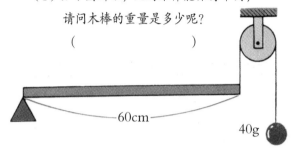

60cm

40g

（2）利用上面那支木棒，在距支点20厘米处吊挂90克的重物。则在40克重物的地方，还要再加上多重的重物才能使杠杆保持平衡呢？

( )

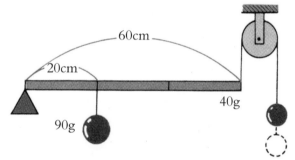

60cm

20cm

90g

40g

（3）利用上题中的木棒，如下图般吊挂着，则甲、乙2个秤的指针各应指在几克的地方呢？

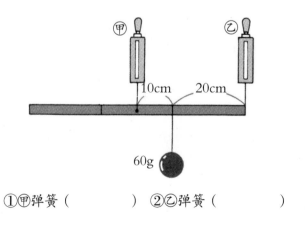

甲 乙

10cm 20cm

60g

①甲弹簧( ) ②乙弹簧( )

---

5 ① 10g ② 50g ③ 20g ④ 20g **6** ① 10g ② 30g **7** ① 20g ② 40g

8 （1）80g （2）30g （3）① 120g ② 20g

（3）地层

1 下图是山崖的截面图，请回答下列问题。

每题5分【40】

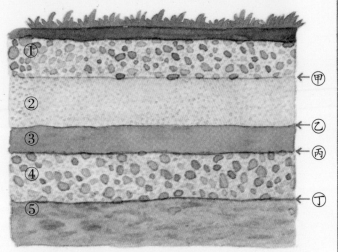

①是由小石子和沙构成的。
②是由沙构成的。
③是由黏土构成的。
④是由小石子和沙构成的。
⑤是由火山灰构成的。

（1）如上图所示，呈条纹状且重复分布的名称是什么呢？　（　　　）

（2）甲到乙之中地下水是从哪一层出来呢？
　　（　　　）

（3）将（2）的理由写出。
　　（　　　　　　　　　　　）

（4）沙和黏土不会互相混淆而分别构成独有的层次，这是为什么呢？
　　（　　　　　　　　　　　）

（5）什么原因使我们知道①层是由水的作用造成的？
　　（　　　　　　　　　　　）

（6）从③层中可以发现贝壳，这又称为什么呢？
　　（　　　）

（7）图中的这个截面是在什么地方形成的？
　　（　　　　　　　　　　　）

（8）第（7）题所谈到的东西为什么现在可以在地面上看到呢？
　　（　　　　　　　　　　　）

2 右图的容器里装有水、小石子、沙以及黏土，充分搅拌之后，静置一天。一天后，容器中的情况会怎样呢？从下面①到③选出正确的答案，在（　　　）中画√。

【10】

①（　　　）　　②（　　　）　　③（　　　）

答案 → **1**（1）地层　（2）乙　（3）由于水分不容易通过黏土层　（4）由于流水的水量和速度不同，造成不同的冲积物。　（5）由于小石子等都是圆形的　（6）化石　（7）海底或湖底　（8）由于地壳的变动，长年累月之后，地层会上升成为陆地。　**2** ②

3 做一个如图1的装置，小石子、沙、黏土各因不同的水量冲积而成图2的情形，请回答下列问题。 每题5分【15】

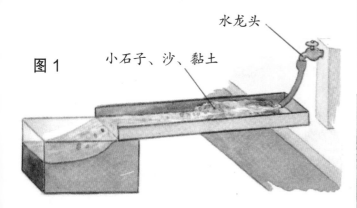

图1
水龙头
小石子、沙、黏土

图2

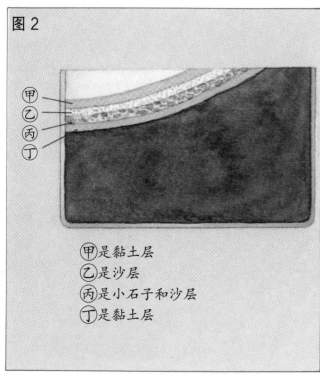

甲
乙
丙
丁

甲是黏土层
乙是沙层
丙是小石子和沙层
丁是黏土层

（1）形成丁层时，流水量是多还是少呢？
（　　　　　）

（2）流水量最多时所形成的是甲到丁的哪一层呢？
（　　　　　）

（3）流水量和冲积物之间有什么关系呢？
（　　　　　）

4 下面①到⑤，在正确的叙述前画√，错误的则画×。 每题3分【15】

① （　　） 地层并不全是水平的，有弯曲也有歪斜的地方。

② （　　） 泥岩或黏板岩可以固定小石子和沙。

③ （　　） 调查地层中的化石，就可以知道地层当时的状况。

④ （　　） 石灰岩是沉于海中各种生物遗骸堆叠而成的。

⑤ （　　） 石灰岩是由许多动物的遗骸堆积重叠而成的。

5 做一个下图的装置，来观察水分渗透的方法。请回答下列问题。 每题10分【20】

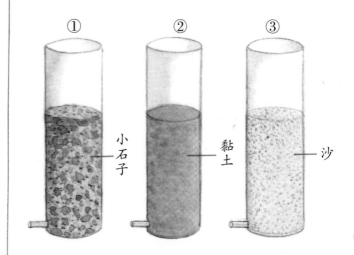

①　　②　　③
小石子　黏土　沙

（1）在容器中分别注入相同的水量，而哪个容器下的出口会先流出水来呢？将号码写出。
（　　　　　）

（2）在做（1）的实验时，①到③之中哪一个容器几乎没有水渗透出来呢？
（　　　　　）

3 （1）少　 （2）丙　 （3）水量如果增多，就能使重物流动
4 ①√　②×　③√　④√　⑤×　**5**（1）①　（2）②